华章程序员书库

C++20设计模式

可复用的面向对象设计方法

（原书第2版）

[俄] 德米特里·内斯特鲁克（Dmitri Nesteruk）著

冯强国 译

Design Patterns in Modern C ++ 20

Reusable Approaches for Object-Oriented

Software Design, Second Edition

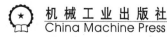

机械工业出版社

China Machine Press

图书在版编目（CIP）数据

C++20 设计模式：可复用的面向对象设计方法：原书第 2 版 /（俄罗斯）德米特里·内斯特鲁克（Dmitri Nesteruk）著；冯强国译 . —北京：机械工业出版社，2022.8（2023.6 重印）

（华章程序员书库）

书名原文：Design Patterns in Modern C++20: Reusable Approaches for Object-Oriented Software Design, Second Edition

ISBN 978-7-111-71622-8

I. ① C⋯ II. ①德⋯ ②冯⋯ III. ① C++ 语言 – 程序设计 IV. ① TP312.8

中国版本图书馆 CIP 数据核字（2022）第 174292 号

北京市版权局著作权合同登记 图字：01-2022-1600 号。

First published in English under the title

Design Patterns in Modern C++20: Reusable Approaches for Object-Oriented Software Design, Second Edition

by Dmitri Nesteruk

Copyright © Dmitri Nesteruk, 2022

This edition has been translated and published under licence from

Apress Media, LLC, part of Springer Nature.

Chinese simplified language edition published by China Machine Press, Copyright © 2022.

本书原版由 Apress 出版社出版。

本书简体字中文版由 Apress 出版社授权机械工业出版社独家出版。未经出版者预先书面许可，不得以任何方式复制或抄袭本书的任何部分。

C++20 设计模式

可复用的面向对象设计方法（原书第 2 版）

出版发行：机械工业出版社（北京市西城区百万庄大街 22 号 邮政编码：100037）

责任编辑：张秀华　　　　　　　　　　　　责任校对：张亚楠　王　延

印　　刷：固安县铭成印刷有限公司　　　　版　　次：2023 年 6 月第 1 版第 2 次印刷

开　　本：186mm×240mm　1/16　　　　　印　　张：15.5

书　　号：ISBN 978-7-111-71622-8　　　　定　　价：89.00 元

客服电话：(010) 88361066　68326294

毫无疑问，C++ 并不是一门简单的语言。内存管理、指针、多态、虚函数、模板函数、STL……这些已经够烦人了，还有各种新特性：C++11，C++14，C++17，C++20，等等。它并不单单是一门语言，更是一门综合性的学科，涉及操作系统知识和计算机基础理论。C++ 虽然难，但一旦能够驾驭 C++，再学习其他语言就会轻车熟路。

首先声明，本书面向的不是零基础的程序员或者 C++ 初学者。本书作者详细描述各种设计模式，并使用 C++ 的新特性实现了各个设计模式的 demo 程序。因此，你需要有 C++ 基础（建议完整学习过 *C++ Primer*），或多或少了解 C++ 的新特性（lambda、auto、override 等），以及会使用 STL 的基本组件。此外，本书的主题是设计模式。如果你有编程基础但开发经验不足，本书作者结合个人丰富的项目经验所呈现的经典设计模式将给你提供全面指导。如果你已有丰富的开发经验，或者之前了解过设计模式，那么本书将从 C++ 新特性的角度展示如何使用新特性将设计模式化繁为简。我相信，本书介绍的新特性，一定会激起你探索 C++ 的兴趣！

设计模式有用吗？是因为有对应的问题，所以才要采用设计模式？还是因为知道了一些设计模式，所以要用它们来解决问题？如果你有这样的疑问，那么可以回顾一下自己当前开发的项目中的代码，是否符合面向对象设计原则，是否曾面临一些软件设计决策上的抉择，又是否正遭遇不良设计所带来的恶果。"面向对象是基础，设计模式是提高。"正如其概念所蕴含的，设计模式是专家总结出来的一套被反复使用的、众所周知的、经过分类编目的代码设计经验，是为了解决某类重复出现的问题而提出的一套成功或有效的解决方案。他山之石，可以攻玉！本书涉及的这些已被工程实践所证明的经验总结，是我们开发道路上的宝贵财富。

本书作者 Dmitri Nesteruk 是一名经验丰富的软件工程师，曾获得微软年度最有价值专家（MVP）。他以深厚的 C++ 功力和诙谐风趣的语言阐述各个设计模式的优缺点和应用场景。作者探究精神十足，针对同样的问题，他会采用多种不同的解决方案，比如基于已有的设计模式的方法、基于 C++ 新特性的方法或基于第三方库的方法等。他的思维由发散到收敛，总之，学习本书的过程其实也是跟随作者探究对未知问题的最佳解决方案的过程。愿你我都能享受这一过程！

学习总是困难的，因为知识是未知的，无止境的。我在初读此书时也是磕磕绊绊，因为一些新特性在项目开发中很少用到。但学习的乐趣不正是如此吗？从未知到已知，我们认识到了这门知识，那它就是我们的了！日复一日，我们会取得长足进步！学无止境，这对 C++ 而言尤其合适，当然，在任何领域都是这样。翻译完本书后，我复查了两次，反复研究某些章节，只期望译文能够完整表达作者的意思，避免误导读者。如果你对某些内容有疑问，请及时反馈。

感谢机械工业出版社给予我信任和机会，让我有幸能够翻译这本书！感谢各位亲爱的读者能够选择这本书。让我们一起怀着对 C++ 和设计模式的敬畏之心，学习本书带给我们的知识。希望本书的翻译质量不会让你们失望！

冯强国
2022 年 2 月于成都

Preface 前 言

　　世界正在发生变化！有些变化令人欣喜：C++20 标准终于得到正式批准，模块和概念等 C++20 语言特性已出现在当前流行的 C++ 编译器中。

　　当然，在任何一个编译器中，对于 C++20 的所有特性，我们还远没有一个完整的实现。例如，即使能够在自己的代码中使用模块，我们仍然需要等待标准库、Boost 和其他流行的库提供对模块的实现。但是，我们现在改变了设计模式的实现方式。例如，在过去，如果我们希望确保某个模板参数实现某个接口，那么将使用 static_assert。但是有了 C++20，我们就可以利用概念，概念具有可复用性（避免剪切与粘贴）和自描述性的特点。

　　随着 C++ 永无止境地演变，我们能够感觉到我们正处于一个永不停歇的旅程中，并且变得越来越好，唯一的挑战是学习如何利用新功能。我希望本书能够成为一个有用的工具。

审校者简介 *About the Author*

David Pazmino 在《财富》100 强公司从事软件应用程序开发工作超过 20 年。他在前端和后端开发领域经验丰富，擅长为金融应用程序开发机器学习模型。他使用 C++、STL 和 ATL 并应用微软技术研发了许多应用程序，目前正在使用 Scala 和 Python 开发深度学习神经网络相关的应用程序。他拥有康奈尔大学计算机科学学士学位、美国佩斯大学计算机科学硕士学位和美国西北大学预测分析硕士学位。

Massimo Nardone 在安全、Web/ 移动开发、云和 IT 架构领域拥有超过 25 年的经验。他在 IT 领域真正感兴趣的是安全和 Android 相关的应用程序开发。20 多年来，他一直在实践并教授如何使用 Android、Perl、PHP、Java、VB、Python、C/C++ 和 MySQL 进行编程。他拥有意大利萨勒诺大学计算机科学硕士学位。

Massimo 曾担任过公司首席信息安全官（Chief Information Security Officer，CISO）、首席安全官（Chief Security Officer，CSO）、安全部门主管、IoT 部门主管、项目经理、软件工程师、研发工程师、首席安全架构师、PCI/SCADA 审计师和 IT 安全 / 云 /SCADA 等部门的高级首席架构师。他的技术栈包括安全、Android、云计算、Java、MySQL、Drupal、Cobol、Perl、Web 和移动开发、MongoDB、D3、Joomla、Couchbase、C/C++、WebGL、Python、Pro Rails、Django CMS、Jekyll、Scratch 等。

Massimo 曾在赫尔辛基理工大学（阿尔托大学）网络实验室担任客座讲师和导师。他拥有 4 项国际专利（PKI、SIP、SAML 和代理领域）。他目前在 Cognizant 担任网络安全负责人和 CISO，在信息和网络安全领域为内部和外部的客户提供支持，例如信息安全相关的战略规划、处理流程、规章政策、商业或法律程序、管理方法等。2017 年 6 月，他成为 ISACA 芬兰委员会的终身会员。

Massimo 已为不同的出版社审阅了超过 45 部 IT 书籍，并且是 *Pro Spring Security: Securing Spring Framework 5 and Boot 2-based Java Applications*（2019 年 Apress 出版）、*Beginning EJB in Java EE 8*（2018 年 Apress 出版）、*Pro JPA 2 in Java EE 8*（2018 年 Apress 出版）及 *Pro Android Games*（2015 年 Apress 出版）的合著者。

Contents 目 录

第 1 章 *Chapter 1*

引　论

设计模式这个话题听起来很无聊，学术上枯燥乏味。老实说，它在几乎所有可以想象的编程语言中都是陈词滥调——包括像 JavaScript 这样甚至都不适合 OOP 的编程语言！那么为什么要写这样一本书呢？我知道，如果你正在阅读本文，那么你可能只有有限的时间来确定这本书是否值得深入学习。

写本书的主要原因是 C++ "再次繁荣"。经过一段长时间的停滞后，目前 C++ 正在发展壮大，尽管必须应对与 C 语言的向后兼容性问题，但一些好的事情正在发生，也许它们并不总是以我们希望的速度呈现，但这是 C++ 语言标准结构演变方式附带的结果。

关于设计模式，我们不应该忘记最开始出版的设计模式书籍 *Design Patterns*[⊖]就是以 C++ 和 Smalltalk 语言编写例程的。从那时起，许多编程语言直接将设计模式整合到编程语言中。例如，C# 直接将观察者模式整合到其支持的内建事件（event）（以及与之对应的 event 关键字）中。C++ 没有这样做，至少在语法层面上没有提供这样的支持。即便如此，诸如 std::function 等类型的引入肯定会使很多编程场景变得更加简单。

设计模式的另一个有趣之处在于，它可以让程序员探究：对于特定的问题，如何权衡不同的技术复杂度和不同评价指标，给出多种不同的解决方案。某些设计模式或多或少是必需的，甚至是不可避免的，而对有些设计模式的探究则更多是出于科学上的好奇心（但本书中我仍旧会讨论这些设计模式，因为我是一个完美主义者）。

读者应该意识到，某些问题（如 Observer 模式）的综合解决方案通常会导致过度设计，即创建比大多数典型场景所需的复杂得多的结构。虽然过度设计很有趣（你可以解决问题并

⊖ 该书已由机械工业出版社翻译和影印出版，中文版《设计模式：可复用面向对象软件的基础（典藏版）》（ISBN 978-7-111-61833-1），影印版《设计模式：可复用面向对象软件的基础（英文版·典藏版）》（ISBN 978-7-111-67954-7）。——编辑注

给同事留下深刻印象），但在现实世界中，由于时间和预算成本的约束，这通常是不可行的。

1.1 本书的目标读者

本书旨在翻新经典的 GoF 著作，尤其是针对现代 C++ 编程语言。我的意思是，你们有多少人在使用 Smalltalk 呢？我想并不多，当然，这只是我的猜想⊖。

本书的目的是探究如何将现代 C++（目前 C++ 的最新版本）应用于经典的设计模式上。与此同时，本书也将尝试开发一些对 C++ 开发人员有用的新颖的模式和方法。

最后，本书某些章节的示例程序会因使用现代 C++ 而显得十分简洁，现代 C++ 的新特性（比如，概念，即 concept）会使某些复杂问题更容易解决。

1.2 关于代码示例

本书的示例代码可以直接用于生产环境，但为了增加代码可读性，某些示例做了简化：

❑ 比较常见的一点是，示例代码中使用的是 `struct` 而不是 `class`，这样就可以避免在很多地方加入 `public` 关键字。

❑ 避免使用 `std::` 前缀，因为它可能导致代码可读性变差，尤其是代码篇幅较长的时候。如果我使用 `string`，那么你可以认为我使用的是 `std::string`。

❑ 避免使用虚析构函数，不过，在真实的开发环境中，在某些地方增加虚析构函数是有实际作用的。

❑ 在某些场景里，为了避免 `shared_ptr` 和 `make_shared` 等的大量出现，会使用按值传递参数的方式。从某种程度上来说，智能指针的出现会增加本书示例的复杂度，本书通常会把智能指针与设计模式的整合作为读者的课后练习。

❑ 某些时候，示例代码里会省略某些元素（例如移动构造函数）。这些元素对于定义特征完整的类型是很有必要的，不过会占用大量的代码篇幅。定义特征完整的类型其实也是一种挑战，不过与本书正在介绍的设计模式关联不大。

❑ 在很多示例代码中，我都省略了关键字 `const`，不过，在正常的环境下，关键字 `const` 的使用极为重要。为保证 `const` 的正确定义和使用，通常会将一个 API 分离为多个 API（带 `const` 和不带 `const`），但本书并不会遵循关于 `const` 的准则。

读者应该知道，本书的大多数示例都使用现代 C++（C++14、17、20，以及更新的版本），并且通常使用最新的 C++ 语言特性，这些特性在编写本书时对开发者来说是可用的。比如，你不会在本书中发现很多以 `-> decltype(...)` 结尾的函数签名，因为 C++14 可

⊖ 平心而论，Smalltalk 的 Pharo 变体有一些有趣的思路，我借鉴了它们并将其应用到了其他的编程语言中。其中一个我已成功借鉴的思路是关于输入输出的匹配。它的工作原理是，将某个输入和期望的输出值（比如输入 abc 和期望输出 3）传给软件，然后这个软件使用组合分析法来逐个推导表达式 x.length() 的值。

以自动推导返回值类型。本书的所有示例代码均不针对特定的编译器，如果你使用的编译器不能正常编译[⊖]，那么需要采用其他解决办法。

针对某些知识点，本书有时会提及其他编程语言，比如 C# 或 Kotlin。通常来说，观察其他编程语言的设计者实现特定特性的方式是一件十分有趣的事情。从其他编程语言中借鉴已有的思路对 C++ 而言并不陌生。比如，C++ 引入的 `auto` 关键字，以及对所声明的变量类型和返回值类型的推导，这个特性在很多编程语言中均存在。

1.3　关于开发者工具

本书的示例代码需要用到 Modern C++ 的编译器，比如 Clang、GCC 和 MSVC。本书假设各位读者均使用的是目前可用的最新版本的编译器，因此，我们将使用目前最新、最棒的编程语言的特性。在某些情况下，高级编程语言需要使用旧的特性以适配某些简单的编译器；但在其他情况下，即使使用旧标准的特性也不能使编译器正常工作。因此，如果我在示例代码中使用了部分尚处于实验阶段的语言特性，它们也许并不能使所有的编译器正常工作，除非这些编译器也支持最新的 C++ 编程语言特性。

本书不会重点关注开发工具，因此，本书假设大家使用的是最新的编译器，你只需要跟随本书的示例代码即可：绝大部分示例代码都是独立的单个 `.cpp` 文件，但是一些涉及复杂依赖关系或静态初始化的示例代码可能会分布在多个文件中。无论如何，我想借此机会提醒大家，质量开发工具（如 CLion 或 Resharper C++）极大地改善了开发体验。只需投入很少的资金，你就可以获得大量的附加功能，这些功能可直接提升编码速度和代码质量。

1.4　重要概念

正式开始之前，我想简要介绍一些在 C++ 世界里很重要的概念。这些概念并不高级，大部分概念都是经验丰富的 C++ 开发者所熟悉的。

1.4.1　奇异递归模板模式

我不知道奇异递归模板模式（Curiously Recurring Template Pattern，CRTP）是否有资格被单独列为一种**设计模式**，但在 C++ 中，CRTP 的确是一种模式。它的理念很简单：继承者将自身作为模板参数传递给基类。

```
struct Foo : SomeBase<Foo>
{
  ...
}
```

⊖　大部分编译器（比如 Intel C++ 编译器）并不会使其尽快支持特定 C++ 标准的所有特性。然而，这些编译器确实有自己忠实的追随者，因为它们在支持编程语言特性完整性以外的领域（如优化）大放异彩。

为什么要这么做呢？一个原因是可以在基类的实现中访问特定类型的 this 指针。

例如，假设基类 SomeBase 的每个单一派生类均实现了迭代所需的 begin()/end() 接口。那么如何在基类 SomeBase 内部而不是派生类的内部迭代对象？直觉告诉我们不能这么做，因为 SomeBase 自身并没有提供 begin()/end() 接口。但是，如果使用 CRTP，那么派生类可以将自身的信息传递给基类：

```
struct MyClass : SomeBase<MyClass>
{
  class iterator {
    // your iterator defined here
  }
  iterator begin() const { ... }
  iterator end() const { ... }
}
```

这意味着在基类内部，我们可以将 this 指针转换成派生类类型：

```
template <typename Derived>
struct SomeBase
{
  void foo()
  {
    for (auto& item : *static_cast<Derived*>(this))
    {
      ...
    }
  }
}
```

当 MyClass 的某个实例调用 foo() 接口时，this 指针将从 SomeBase* 类型转换成 MyClass* 类型。然后，我们解引用该指针，并在 range-based for loop 中实现迭代功能，当然，其内部是在调用 MyClass::begin() 和 MyClass::end()。

关于此方法更加具体的示例请参见本书第 8 章。

1.4.2 Mixin 继承

在 C++ 中，类可以继承它的模板参数，例如：

```
template <typename T> struct Mixin : T
{
  ...
}
```

上述方法叫作 Mixin 继承，它允许不同类型的分层组合。例如，我们可以实例化一个 Foo<Bar<Baz>> x; 类型的对象，它实现了三个类的特性，而不需要实际构造一个全新的 FooBarBaz 类型。

Mixin 继承与概念（concept）组合使用十分有用，因为它允许我们对 Mixin 继承的类型施加约束，并使我们可以准确地使用基类的特性，而不依赖于编译时错误来告诉我们做错了什么。

关于此方法的具体示例请参见第 9 章。

1.4.3　旧风格的静态多态

假设要构建一个警报系统，它可以通过不同的方式（电子邮件、短信、电报等）通知某人某个事件。采用 CRTP 方案，我们可以实现类似于如下类的 Notifier 基类：

```
template <typename TImpl>
class Notifier {
public:
  void AlertSMS(string_view msg)
  {
    impl().SendAlertSMS(msg);
  }
  void AlertEmail(string_view msg)
  {
    impl().SendAlertEmail(msg);
  }
private:
  TImpl& impl() { return static_cast<TImpl&>(*this); }
  friend TImpl;
};
```

由于 TImpl 是一个模板参数，我们可以不受任何惩罚地通过 TImpl 调用方法[⊖]。基于此，即使没有明确指定 TImpl 必须继承自 Notifier（我们很快就会这么做），编译器也会检查方法 AlertSMS() 和 AlertEmail() 是否确实存在。

这允许我们定义一种在所有通道上发送警报的方法：

```
template <typename TImpl>
void AlertAllChannels(Notifier<TImpl>& notifier, string_view
msg)
{
  notifier.AlertEmail(msg);
  notifier.AlertSMS(msg);
}
```

接下来的工作就是构造 Notifier 的实现。例如，为了便于测试，我们可以定义一个空的通知器（参见空对象模式）：

⊖　模版类的方法是在调用时实例化的，所以即使 TImpl 没有提供 SendAlertSMS() 和 SendAlertEmail() 方法，编译时也不报错。——译者注

```
struct TestNotifier: public Notifier<TestNotifier>
{
  void SendAlertSMS(string_view msg){}
  void SendAlertEmail(string_view msg){}
};
```

并且这个通知器什么都不做!

```
TestNotifier tn;
AlertAllChannels(tn, "testing!"); // just testing!
```

虽然这是一种可行的方法,但也有不足之处:

❑ 这么做的结果是我们有两套相似的 API,即 AlertSMS() 和 SendAlertSMS()。我们并不能说它们是相同的,因为其中一个方法会隐藏掉另一个方法(并且 IDE 将会抛出问题)。

❑ 整个 impl() 接口很奇怪,并且好像并不是必要的。对比而言,我们会更期望在基类中将 alert 方法声明为虚方法,然后在实现类中覆写它。

❑ TImpl 任何特定的接口并没有被显示地执行,我们试图在运行时通过调用接口来检查它们,但是实现程序并没有被告知我们调用了什么以及在哪里调用的。概念(concept)可以帮助解决这个问题。

1.4.4 概念与静态多态

这里的解决办法是引入概念,概念要求相关成员函数存在:

```
template <typename TImpl>
concept IsANotifier = requires(TImpl impl) {
  impl.AlertSMS(string_view{});
  impl.AlertEmail(string_view{});
};
```

现在,我们不再需要基类 Notifier 了,我们可以很轻易地构造 AlertAllChannels() 方法,该方法期望某个实现了所有 AlertXxx() 方法的类型:

```
template <IsANotifier TImpl>
void AlertAllChannels(TImpl& impl, string_view msg)
{
  impl.AlertSMS(msg);
  impl.AlertEmail(msg);
}
```

这个函数要求传入模板参数 TImpl 以支持 IsANotifier 概念。我们可以创建符合这个要求的类:

```
struct TestNotifier
{
```

```
  void AlertSMS(string_view msg) {}
  void AlertEmail(string_view msg) {}
};
```

然后，我们可以继续像之前一样使用它。可以看到，我们完全避免了使用基类的概念。

1.4.5　属性

虽然属性并不属于 C++ 标准，但它仍旧是一个值得提及的话题。尽管在其他编程语言中属性已经反复证明了自己的作用，但是许多 C++ 完美主义者仍然认为它们没有资格成为 C++ 的一部分，最好将它们作为库来实现——老实说，这个解决办法不是很奏效。

属性只不过是一个（通常为私有的）类成员以及一个 getter 和 setter 方法的组合。在标准 C++ 中，属性看起来如同下面的示例：

```
class Person
{
  int age;
public:
  int get_age() const { return age; }
  void set_age(int value) { age = value; }
};
```

许多语言（如 C# 和 Kotlin）通过将属性直接嵌入编程语言中来内化属性的概念。虽然 C++ 并没有这样做（将来也不太可能这样做），但有一个可在大多数编译器（MSVC、Clang、Intel）中使用的称为 property 的非标准声明符：

```
class Person
{
  int age_;
public:
  int get_age() const { return age_; }
  void set_age(int value) { age_ = value; }
  __declspec(property(get=get_age, put=set_age)) int age;
};
```

这里的操作是，在编译指示符 __declspec(property(...)) 成员声明中通过关键字 get 和 put 来指定 getter 和 setter 方法。然后，这会成为一个虚拟的成员——它并不需要任何内存分配，但试图访问或写入该成员的操作将被编译器通过调用 getter 和 setter 来替换。

这可以按照如下方式使用：

```
Person p;
p.age = 20; // calls p.set_age(20)
```

典型的情况是，不喜欢 C++ 语言扩展的程序员会将属性暴露为 getter 和 setter 方法的组合，通常把属性成员作为私有的成员，再对外暴露一对与属性成员名字相同的方法作为访问属性的接口：

```
class Person
{
  int _age;
public:
  int age() const { return _age; }
  void age(int value) { _age = value; }
}
```

为什么这里要讨论属性呢？它与本书主题相关吗？就其本身而言，getter 和 setter 也许看起来毫无用处：如果有一个可以被外界修改的成员，那么可以将该成员声明为 public，修改的操作可以直接在该成员上进行！但是，如果要在这个成员上做其他操作——例如通知订阅者某个成员发生了改动——那么此时就是 setter 方法发挥作用的时候。这也就是我们在讨论观察者模式时将会面临的场景。

1.5　SOLID 设计原则

SOLID 是一个缩写词，代表以下设计原则（及其缩写）：

- ❏ 单一职责原则（Single Responsibility Principle，SRP）。
- ❏ 开闭原则（Open-Closed Principle，OCP）。
- ❏ 里氏替换原则（Liskov Substitution Principle，LSP）。
- ❏ 接口隔离原则（Interface Segregation Principle，ISP）。
- ❏ 依赖倒转原则（Dependency Inversion Principle，DIP）。

这些原则是 Robert C. Martin 在 21 世纪初提出的——实际上，这只是从 Robert 的著作和博客[⊖]中阐述的几十条原则中选出来的 5 条。这 5 个特定的主题贯穿整个设计模式和软件设计的讨论中，所以在深入研究设计模式之前，我们将简要回顾一下 SOLID 原则。

1.5.1　单一职责原则

假设我们想通过日记来记录内心深处的想法。日记应包含标题和许多条记录。我们可以用如下代码来建模：

```
struct Journal
{
  string title;
  vector<string> entries;

  explicit Journal(const string& title) : title{title} {}
};
```

⊖　https://blog.cleancoder.com/。

现在，我们可以增加一个添加记录的功能，每条记录以一个按序增加的数字为前缀。这很简单：

```
void Journal::add(const string& entry)
{
  static int count = 1;
  entries.push_back(boost::lexical_cast<string>(count++)
    + ": " + entry);
}
```

现在可以按如下的示例代码来使用 Journal：

```
Journal j{"Dear Diary"};
j.add("I cried today");
j.add("I ate a bug");
```

将"添加记录"功能作为 Journal 类的一部分是有意义的，因为 Journal 本身就需要"添加记录"这个功能。维护日记中的记录是 Journal 的职责，所以 Journal 类中任何与记录有关的功能都是合理的。

现在，假设我们决定将日记保存在文件中以使其持久化，那么可以在 Journal 类中添加如下代码：

```
void Journal::save(const string& filename)
{
  ofstream ofs(filename);
  for (auto& s : entries)
    ofs << s << endl;
}
```

这样的做法存在问题。Journal 类的职责是维护日记记录，而不是将它们写入磁盘。如果将写磁盘的功能添加到 Journal 类以及其他类似的类中，有关持久化方法的任何改动（例如决定将其写入云端而非磁盘）都需要受该持久化方法影响的每一个类进行许多小改动。

我想在这里稍做停顿并强调一点：导致我们必须在许多类（无论这些类是否相关——如在层次结构中）中进行大量微小改动的情况，通常存在代码异味（code smell）——这表明有些东西不太正确。不过，这取决于具体的场景：如果我们重命名一个在一百个地方使用的符号，我认为这通常是可以的，因为 ReSharper、CLion 或其他 IDE 实际上都会让我们执行重构机制，并让改动传播到那些地方。但是，当我们需要完全重做一个接口时……这可能是一个非常痛苦的过程！

因此，我们希望单独考虑持久化功能，比前述方法更好的做法是将其封装在独立的类中，例如：

```
struct PersistenceManager
{
  static void save(const Journal& j, const string& filename)
```

```
  {
    ofstream ofs(filename);
    for (auto& s : j.entries)
      ofs << s << endl;
  }
};
```

这正是我们所说的**单一职责原则**：每个类只有一个职责，因此也只有一个修改该类的原因[注]。只有在需要对记录的存储做更多操作的情况下，`Journal` 类才需要更改——例如，我们可能希望每条记录都有一个时间戳作为前缀，因此我们将更改 `add()` 函数来实现这一点。另外，如果我们想修改持久化机制，则在 `PersistenceManager` 类中更改。

违背单一职责原则的一个极端的反面模式[注]被称为**上帝对象**（God Object）。上帝对象指的是承担了尽可能多的职责的庞大的类，是一个极其难对付的庞大的"怪物"！

幸运的是，上帝对象很容易识别，并且借助资源控制系统（只需要统计成员函数的数量），可以很快找到该职责的开发人员并给予适当的惩罚。

1.5.2　开闭原则

假设我们的数据库中有一系列产品（完全是假设）。每个产品都有颜色和尺寸，其定义如下：

```
enum class Color { Red, Green, Blue };
enum class Size { Small, Medium, Large };

struct Product
{
  string name;
  Color color;
  Size size;
};
```

现在，我们想要为一组给定的产品提供某些过滤功能。我们设计如下的过滤器：

```
struct ProductFilter
{
  typedef vector<Product*> Items;
};
```

假设我们要根据颜色来过滤产品，于是定义如下成员函数：

```
ProductFilter::Items ProductFilter::by_color(
  Items items, Color color)
{
  Items result;
```

⊖　即只有该职责变化时，该类才做相应的修改。——译者注

⊖　反面模式也是一种设计模式，不幸的是，它经常出现在代码中，以至于被广泛地认识。模式和反面模式的区别在于，反面模式通常是糟糕设计的典型案例，它会导致代码难以理解、难以维护和难以重构。

```
  for (auto& i : items)
    if (i->color == color)
      result.push_back(i);
  return result;
}
```

现在，根据颜色过滤产品的方法已经完成了。假设代码投入了生产。但是，过了一段时间，老板来了并且要求实现根据尺寸过滤产品的过滤器。那么我们回到 ProductFilter.cpp，增加了如下的代码，然后重新编译：

```
ProductFilter::Items ProductFilter::by_size(
  Items items, Size size)
{
  Items result;
  for (auto& i : items)
    if (i->size == size)
      result.push_back(i);
  return result;
}
```

这看起来像是完全复制一样，不是吗？我们为什么不写一个带有谓词（如返回值类型为 bool 的 std::function）的通用方法呢？一个可能的原因是，不同形式的过滤器可能会以不同的方式来处理，例如，某些记录类型可以被索引，并且需要以特殊的方法进行搜索；某些数据类型可以在 GPU 上搜索，但其他的数据类型则不行。

假设代码再次投入了生产，但是，老板再次回来告诉我们，现在需要同时根据颜色和尺寸来进行搜索过滤。那么，我们即将要做的仅仅是添加另外一个接口吗？

```
ProductFilter::Items ProductFilter::by_color_and_size(
  Items items, Size size, Color color)
{
  Items result;
  for (auto& i : items)
    if (i->size == size && i->color == color)
      result.push_back(i);
  return result;
}
```

上述场景可以强化我们对开闭原则的认识，开闭原则要求软件实体对扩展开放，对修改关闭。换言之，我们希望上述场景中的过滤器是可扩展的（也许是在不同编译单元进行的）而不是必须去修改它（甚至是重新编译那些正在运行并且可能已经推送给客户的一些单元）。

怎么实现上述目标呢？首先，我们从概念上将过滤器划分为两个部分（单一职责原则）：过滤器（一个以日记的所有记录为输入并返回其中某些记录的处理过程）和规范（应用于数据元素的谓词的定义）。

我们可以对规范接口进行非常简单的定义：

```
template <typename T> struct Specification
{
```

```
  virtual bool is_satisfied(T* item) = 0;
};
```

在前述代码中，类型 T 由我们指定：它可以是 **Product**，也可以是其他东西。该方法对所有类型的数据都是可重用的。

接下来，基于 **Specification<T>**，我们需要定义过滤器。也许大家都猜到了，这可以通过定义 **Filter<T>** 来实现：

```
template <typename T> struct Filter
{
  virtual vector<T*> filter(
    vector<T*> items,
    Specification<T>& spec) const = 0;
};
```

同样，我们正在做的是为名为 **filter** 的接口指定函数签名，该接口以所有记录和规范作为输入，并且返回符合规范的记录。这里假设记录存储在 **vector<T*>** 中，实际上，我们可以给 **filter()** 接口传入一对迭代器或者某个客户自定义的接口来遍历集合。遗憾的是，C++ 语言没有关于枚举或集合概念的规范，这些只在其他编程语言中存在（例如，.NET 中的 **IEnumerable**）。

基于上述论述，改进后的过滤器的实现显得很简洁：

```
struct BetterFilter : Filter<Product>
{
  vector<Product*> filter(
    vector<Product*> items,
    Specification<Product>& spec) override
  {
    vector<Product*> result;
    for (auto& p : items)
      if (spec.is_satisfied(p))
        result.push_back(p);
    return result;
  }
};
```

我们可以将传入的 **Specification<T>** 看作与 **std::function** 等价的强类型对象，**Specification<T>** 仅限定于一定数量的可能过滤器规范[⊖]。

接下来是比较简单的部分。要实现颜色过滤器，我们可以定义一个 ColorSpecification：

```
struct ColorSpecification : Specification<Product>
{
  Color color;
```

⊖　因为 **std::function** 是一种模板，所以要传入类型（比如 **Product**），则是针对 **Product** 的某些规范。但并不是任何类型的规范都可以，规范必须限制为针对 **Product** 的已有属性（如 **color** 或 **size** 或两者的组合）的规范。——译者注

```
  explicit ColorSpecification(const Color color) : color{color} {}

  bool is_satisfied(Product* item) override {
    return item->color == color;
  }
};
```

加上 Specification 的作用，我们可以按照如下方法对一堆给定的产品做筛选：

```
Product apple{ "Apple", Color::Green, Size::Small };
Product tree{ "Tree", Color::Green, Size::Large };
Product house{ "House", Color::Blue, Size::Large };

vector<Product*> all{ &apple, &tree, &house };

BetterFilter bf;
ColorSpecification green(Color::Green);

auto green_things = bf.filter(all, green);
for (auto& x : green_things)
  cout << x->name << " is green";
```

这段代码最终搜索到"苹果"和"树"，因为它们都是绿色的。至今为止，我们尚未完成的唯一一项工作是以尺寸和颜色为条件进行过滤（确切地说是如何根据尺寸、颜色或者不同的混合标准来进行搜索）。答案是只需定义一个规范组合器。例如，对于逻辑"与"（AND），可以定义如下[⊖]：

```
template <typename T> struct AndSpecification :
Specification<T>
{
  Specification<T>& first;
  Specification<T>& second;

  AndSpecification(Specification<T>& first,
    Specification<T>& second)
    : first{first}, second{second} {}

  bool is_satisfied(T* item) override
  {
    return first.is_satisfied(item) && second.is_satisfied(item);
  }
};
```

现在，我们可以基于简单的 Specifications 自由地创建组合条件。重用之前创建的 green 规范，搜索绿色的并且大尺寸的产品现在变得很简单：

⊖　这里对存储多态引用的选择完全是任意的并且是一种折中办法。这很容易实现，但你失去了按值存储的能力。一种替代方法是使用智能指针，但这会让整个实现更加复杂。

```
SizeSpecification large(Size::Large);
ColorSpecification green(Color::Green);
AndSpecification<Product> green_and_large{ large, green };
auto big_green_things = bf.filter(all, green_and_big);
for (auto& x : big_green_things)
  cout << x->name << " is large and green";
// Tree is large and green
```

我们写了很多的代码并创建了不少数据结构，直观效果如图 1-1 所示。

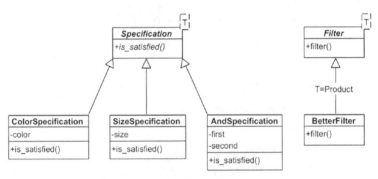

图 1-1　Specification 模式类示意图

当然，我们可以在此基础上添加更多的修饰。例如，借助强大的 C++，对于两个 Speci-fication<T> 对象，我们可以重载运算符 &&，这样在创建 2 个（或更多）规范的组合的时候，代码显得更加简洁：

```
template <typename T> struct Specification
{
  virtual bool is_satisfied(T* item) = 0;
  AndSpecification<T> operator &&(Specification& other)
  {
    return AndSpecification<T>(*this, other);
  }
};
```

当然，在开发完成后再添加运算符违反了开闭原则，所以，作为替代方案，我们或者正在使用 Specification 的客户可以之后在全局作用域上重载运算符：

```
template <typename T> AndSpecification<T> operator&&
  (const Specification<T>& first,
   const Specification<T>& second)
{
  return { first, second };
}
```

这可以使示例代码更加简短：

```
SizeSpecification large(Size::Large);
ColorSpecification green(Color::Green);

auto big_green_things = bf.filter(all, green && large);
for (auto& x : big_green_things)
  cout << x->name << " is large and green" << endl;
```

悲哀的是，现在仍旧不能像下面那样只写一行代码来完成上述功能：

```
auto green_and_big =
  ColorSpecification(Color::Green)
  && SizeSpecification(Size::Large);
```

因为上述临时变量会消亡，构造函数并不能延长它们的生命周期。其实是有办法达到上述目的的，不过这已经超出了我们目前讨论的范畴。

现在，我们简要回顾一下什么是开闭原则，以及上述示例是如何演示开闭原则的。总的说来，开闭原则的主旨是，我们不必返回到已经编写和测试的代码来修改它。这是我们到目前为止一直遵循的原则！我们创建了 Specification<T> 和 Filter<T>，基于此，我们接下来的工作围绕着如何设计实现新的过滤器接口（不改变已有接口）来展开。这也就是"对扩展开放，对修改关闭"的含义。

1.5.3 里氏替换原则

以 Barbara Liskov 命名的里氏替换原则指出，如果某个接口以基类 Parent 类型的对象为参数，那么它应该同等地接受子类 Child 类对象作为参数，并且程序不会产生任何异常。我们接下来看看里氏替换原则在什么场景下会失效。

假设有一个矩形 Rectangle 对象，包含宽度（width）和长度（height）属性，以及一系列计算矩形面积的 getter 和 setter 方法：

```
class Rectangle
{
protected:
  int width, height;
public:
  Rectangle(const int width, const int height)
    : width{width}, height{height} { }

  int get_width() const { return width; }
  virtual void set_width(const int width) { this->width = width; }

  int get_height() const { return height; }
  virtual void set_height(const int height) { this->height =
height; }

  int area() const { return width * height; }
};
```

现在，假设我们有一类特殊的矩形，即正方形（Square）。Square 类继承自 Rectangle 并覆写了 Rectangle 的两个 setter 方法，包括 set_width() 和 set_height()：

```
class Square : public Rectangle
{
public:
  Square(int size): Rectangle(size,size) {}
  void set_width(const int width) override {
    this->width = height = width;
  }
  void set_height(const int height) override {
    this->height = width = height;
  }
};
```

这种做法是存在问题的。可能暂时还看不出来，因为表面上看起来确实没什么问题：setter 简单地设置两个维度，哪些地方可能出错呢？我们可以很容易地构造一个以 Rectangle 为入口参数的函数，在输入 Square 对象时程序将会出错：

```
void process(Rectangle& r)
{
  int w = r.get_width();
  r.set_height(10);
  cout << "expected area = " << (w * 10)
    << ", got " << r.area() << endl;
}
```

此函数中的公式 Area = Width × Height 是恒定不变的。函数中获取到宽度 w，并设定长度 r 为 10，然后期望 w 与 10 的乘积应该与 r.area() 的结果相等。但是，当调用该函数并传入 Square 对象时，其输出并不匹配：

```
Square s{5};
process(s); // expected area = 50, got 25
```

这个示例（我承认这个示例有点刻意）的要点是函数 process() 违背了里氏替换原则，因为不能将函数的参数从基类 Rectangle 对象替换为子类 Square 对象。如果输入参数是 Rectangle 类对象，那么它可以正常工作，所以，也许会花大量时间测试才能发现该 bug。

如何解决该问题呢？办法当然有许多。个人而言，我认为 Square 类根本不应该存在。相反，我们可以设计一个能创建矩形和正方形的工厂（参见第 3 章）：

```
struct RectangleFactory
{
  static Rectangle create_rectangle(int w, int h);
  static Rectangle create_square(int size);
};
```

当然，我们也可以定义一个方法来检测当前的矩形实际上是不是正方形：

```
bool Rectangle::is_square() const
```

```
{
  return width == height;
}
```

在这个案例中，一种激进的做法是，在 Square 的 set_width() 和 set_height() 方法中抛出异常，并声明 Square 不支持这两个方法，用户应该使用 set_size()。然而，这违背了最小惊奇原则（Principle of Least Surprise, PLS），因为你也希望通过调用 set_width() 来进行合乎其命名含义的更改……我说的对吗？

1.5.4　接口隔离原则

接下来，我们将介绍另外一个案例，虽然是一个人为设计的案例，但它很适合用于说明接下来的问题。假设我们要定义一个多功能打印机，它可以完成打印、扫描，甚至传真文件的功能。我们可以将其定义如下：

```
struct MyFavouritePrinter /* : IMachine */
{
  void print(vector<Document*> docs) override;
  void fax(vector<Document*> docs) override;
  void scan(vector<Document*> docs) override;
};
```

这样就可以了。现在，假设我们要定义一个接口，该接口将由其他想要实现多功能打印机的实现者来实现。因此，在自己最习惯使用的 IDE 上，我们可以使用抽象接口，类似于如下代码：

```
struct IMachine
{
  virtual void print(vector<Document*> docs) = 0;
  virtual void fax(vector<Document*> docs) = 0;
  virtual void scan(vector<Document*> docs) = 0;
};
```

这样做存在问题。原因是，也许某个实现者仅仅需要打印功能而并不需要扫描或传真功能。但上述代码要求实现者必须实现其余的接口，当然，它们可以都是空函数，不做任何操作，但何必非要这么做呢？

因此，接口隔离原则给出的建议是将所有接口拆分开，让实现者根据自身需求挑选接口并实现。由于打印和扫描是两种不同的操作（例如，扫描仪不可以打印），我们可以为它们定义单独的接口：

```
struct IPrinter
{
  virtual void print(vector<Document*> docs) = 0;
};
```

```
struct IScanner
{
  virtual void scan(vector<Document*> docs) = 0;
};
```

然后，打印机或扫描仪可以只实现其需要的功能即可：

```
struct Printer : IPrinter
{
  void print(vector<Document*> docs) override;
};
struct Scanner : IScanner
{
  void scan(vector<Document*> docs) override;
};
```

现在，如果我们真的想要一个 **IMachine**⊖接口，则可以将其定义为前述已定义好的接口的组合：

```
struct IMachine: IPrinter, IScanner /* IFax and so on */
{
};
```

接下来，当在某个具体的多功能设备中实现这些接口时，则可以直接使用继承而来的已有接口。例如，我们可以使用简单的代理，以确保 Machine 可以复用 IPrinter 和 IScanner 已实现的接口：

```
struct Machine : IMachine
{
  IPrinter& printer;
  IScanner& scanner;

  Machine(IPrinter& printer, IScanner& scanner)
    : printer{printer},
      scanner{scanner}
  {
  }

  void print(vector<Document*> docs) override {
    printer.print(docs);
  }

  void scan(vector<Document*> docs) override
  {
    scanner.scan(docs);
  }
};
```

⊖ 包含所有功能，见本节最开始的示例。——译者注

如果想添加一个新的接口（例如 **IFax**），与 **IPrinter** 和 **IScanner** 的一样，我们可以把它作为装饰器的一部分。上述所有类的关系示意图如图 1-2 所示。

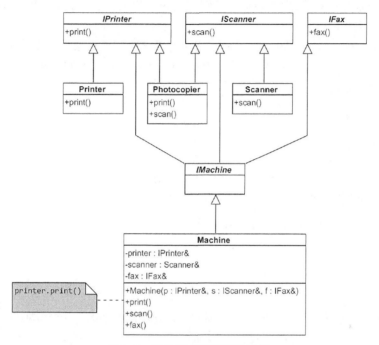

图 1-2　接口隔离原则类示意图

简单回顾一下，接口隔离原则的基本思想是将复杂的接口分离为多个单独的接口，以避免强制实现者必须实现某些他们实际上并不需要的接口。任何时候，当我们要为某个复杂的应用程序编写插件程序时，如果要基于某个包含了 20 个混乱功能的接口并且大部分接口实际上没有任何操作仅仅返回 **nullptr** 进行开发，那么这个 API 程序员很可能违背了接口隔离原则。

1.5.5　依赖倒转原则

依赖倒转原则的原始定义[一]声明了如下几点：

❑ 高层模块不应该依赖低层模块，它们都应该依赖抽象接口。这个声明的实质是说，如果我们正在开发某个日志模块，其中的 **Reporting** 模块不应当依赖具体的 **ConsoleLogger**，而应当依赖抽象的 **ILogger** 接口。在这个案例中，我们将 **Reporting** 模块视为高层模块（更接近于事务范畴），而 **logger** 作为基础的组件（类似于 I/O 或线程，但又不完全类似），被视为低层模块。

⊖　Martin, Robert C. (2003), *Agile Software Development, Principles, Patterns, and Practices*, Prentice Hall, pp. 127-131

❑ 抽象接口不应该依赖细节，细节应该依赖抽象接口。同样，这一声明再次强调依赖接口或基类要优于依赖具体类型。这一条声明的真实含义是显而易见的，因为这一原则可以更好地支持程序的可配置性和可测试性，尤其是当使用好的框架来处理这些依赖关系时。

现在的核心问题是，如何才能满足上述所有要求呢？这将会引入更多的工作，因为现在我们必须显式地声明依赖关系，例如，**Reporting** 模块依赖 **ILogger** 接口。这可以通过类似于如下的代码来表达：

```cpp
class Reporting
{
  ILogger& logger;
public:
  Reporting(const ILogger& logger) : logger{logger} {}
  void prepare_report()
  {
    logger.log_info("Preparing the report");
    ...
  }
};
}
```

问题在于，当初始化这个类时，我们需要显式地调用 Reporting{ConsoleLogger{}} 或做类似的工作。那么当 Reporting 同时依赖 5 个不同的接口的时候会怎样呢？当 ConsoleLogger 本身也有依赖关系的时候又会怎样呢？当然，我们可以编写更多的代码来管理这些场景的依赖关系，不过，我们有更好的处理方法。

处理上述场景的更加现代化、更时髦的做法是使用**依赖注入**：实质上是使用一个库（例如 Boost.DI[⊖]）来满足某个特殊组件的依赖关系的需求。

现在，我们以一辆小车为例，假设小车有引擎，同时需要记录行车日志。可以说，小车同时依赖引擎和日志。首先，我们将引擎定义如下：

```cpp
struct Engine
{
  float volume = 5;
  int horse_power = 400;

  friend ostream& operator<< (ostream& os, const Engine& obj)
  {
    return os
      << "volume: " << obj.volume
      << " horse_power: " << obj.horse_power;
  } // thanks, ReSharper!
};
```

⊖ 目前，Boost.DI 不再是 Boost proper 的一部分了，而是 boost-experimental GitHub 仓库的一部分。

现在，我们将决定是否要抽象一个 **IEngine** 接口，并将其作为参数传递给小车。我们可能会这么做，也可能不会，这是一个典型的设计决策。如果我们能够想象到引擎之间的层次结构，或者能够预见到为了测试需要一个 **NullEngine**（参见空对象模式），那么的确，我们需要抽象接口。

同时，我们希望通过日志记录小车的行驶速度，这可以用很多方法来实现（例如通过仪表盘、电子邮件、SMS 和信鸽邮件等）。我们可能会设计一个 **ILogger** 接口：

```
struct ILogger
{
  virtual ~ILogger() {}
  virtual void Log(const string& s) = 0;
};
```

同时要编写某些具体日志类实现：

```
struct ConsoleLogger : ILogger
{
  ConsoleLogger() {}

  void Log(const string& s) override
  {
    cout << "LOG: " << s.c_str() << endl;
  }
};
```

现在，我们即将定义的 **Car** 要依赖 engine 和 logger 模块。不过这取决于我们如何存储它们：可以使用指针、引用、**unique_ptr/shared_ptr** 或其他对象。我们应当将这两个依赖组件作为 **Car** 的构造函数的参数：

```
struct Car
{
  unique_ptr<Engine> engine;
  shared_ptr<ILogger> logger;

  Car(unique_ptr<Engine> engine,
      const shared_ptr<ILogger>& logger)
    : engine{move(engine)},
      logger{logger}
  {
    logger->Log("making a car");
  }

  friend ostream& operator<<(ostream& os, const Car& obj)
  {
    return os << "car with engine: " << *obj.engine;
  }
};
```

当初始化 Car 时，也许我们期待看到 make_unique 或 make_shared，但实际上我们不会这么做。相反，我们使用 Boost.DI。首先，我们定义 bind，将 ILogger 绑定到 ConsoleLogger。这么做的含义大致是，"任何时候，如果有对 ILogger 的需求，那么就给它提供一个 ConsoleLogger"：

```
auto injector = di::make_injector(
  di::bind<ILogger>().to<ConsoleLogger>()
);
```

现在配置好了依赖注入，我们可以使用它来创建 car：

```
auto car = injector.create<shared_ptr<Car>>();
```

这会创建一个智能指针 shared_ptr<Car>，它指向一个已经初始化的 Car 对象，这也正是我们想要的。这种方法的优点在于，如果要修改正在使用的 logger 的类型，我们可以在某个单一的位置（bind 调用）进行更改，让 ILogger 出现的每个位置都可以使用我们提供的其他日志组件。这种方法还可以帮助我们进行单元测试，并允许我们使用桩函数（或空对象模式）而不必使用 mock 对象来测试。

在理解了 SOLID 设计原则之后，我们现在已经做好准备，可以开始学习设计模式啦！

创建型设计模式

在没有创建型设计模式的时候，在C++中创建对象的行为充满了危险。应该在栈上创建对象，还是应该在堆上创建？应该使用原始指针，使用 unique 或 shared 指针，还是应该彻底使用其他对象来管理创建的对象？还有一点，是手动创建对象更合适，还是说应当将包含所有关键信息的创建过程延迟到诸如工厂模式（稍后会详细介绍！）或控制反转容器等特定的对象构造器中？

不论选择哪一种方式，创建对象仍旧是一项令人厌烦的工作，尤其是创建过程极其复杂或者需要遵守某些规定的时候。于是，创建型设计模式诞生了：它们是与对象创建相关的通用方法。

我们首先简要回顾一下 C++ 中创建对象的方法，熟悉一下 C++ 的基本知识和智能指针相关概念：

❑ **栈分配**是在栈上创建对象。对象在退出作用域时自动被销毁并清理（在任意一个地方用一对花括号即可构造局部作用域）。如果在作用域内将对象分配给一个变量，该对象的析构函数将在作用域的最末端被调用。如果不这样做的话，对象析构函数将会**立即**被调用（这可能会破坏 Memento 设计模式的某些实现）。

❑ **堆分配**是在堆上分配对象，并使用原始指针保存对象在堆上的地址（堆也叫作自由存储区）。Foo* foo = new Foo 会创建一个 Foo 的全新实例，谁来清理该对象是这种分配方式随之而来的问题。GSL[⊖]的 owner<T> 试图引入关于原始指针"所有权"的概念，但并不涉及任何善后清理工作的代码——也就是说，我们仍旧需要自己完成对象清理工作。

❑ unique 指针（unique_ptr）用于管理在堆上分配的对象，在该对象没有任何引用的时候，unique_ptr 将自动清理对象。unique 指针持有对对象的独有权：不能进行复制操作，也不能在不交出控制权的情况下将其管理的对象传递给其他函数。

❑ shared 指针（shared_ptr）用于管理在堆上分配的对象，但允许有多个 shared_ptr 共享一个对象。当该对象的引用计数为 0 时，这个对象才会被自动删除。

❑ weak 指针（weak_ptr）是一种智能指针，但不具备对所管理对象的所有权，它只是对 shared_ptr 管理的对象的一个弱引用。如果要访问 weak_ptr 所管理的对象，我们需要将其转成 shared_ptr。weak_ptr 的作用之一是解决 shared_ptr 的循环引用问题。

许多设计模式并不会特别关注对象是如何创建、如何返回的，这些问题会留给开发人员。例如，工厂模式可能会以 unique_ptr 的形式来创建对象，但是当我们需要创建大量对象时，使用原始指针可能是一种更好的选择。

现在，我们来讨论函数是如何返回对象的。如果要从函数中返回比字（word）[⊖]更大的对象，通常有几种方式。首先，最直接的方式是：

```
Foo make_foo(int n)
{
  return Foo{n};
}
```

⊖ Guideline Support Library (https://github.com/Microsoft/GSL) 是一套由 C++ Core Guideline 建议的函数和类型库。该库包含了众多类型，其中 owner<T> 用于表示指针所有权。

⊖ 字的位数（即字长）是计算机系统结构中的一个重要特性，也是计算机性能的重要指标之一。字长越长，计算机一次处理的信息位就越多，精度就越高。字长由 CPU 的类型决定，常见的有 8 位、16 位、32 位、64 位。——译者注这个示例展示的是函数返回了 Foo 的一个完整的副本，这浪费了宝贵的资源。但也并不总是这样，例如将 Foo 定义如下：

```
struct Foo
{
  Foo(int n) {}
  Foo(const Foo&) { cout << "COPY CONSTRUCTOR!!!\n"; }
};
```

我们将会发现拷贝构造函数会被调用零次、一次或两次：确切的调用次数取决于编译器。**返回值优化**（Return Value Optimization，RVO）是一项用于防止发生额外拷贝的编译器技术（阻止额外拷贝并不影响代码的功能）。然而，在某些复杂的场景中，却不能完全依赖 RVO，但在遇到是否要优化返回值的问题时，我更喜欢遵循 Knuth[⊖]。

当然，另一种方式是返回一个智能指针，例如 unique_ptr：

```
unique_ptr<Foo> make_foo(int n)
{
  return make_unique<Foo>(n);
}
```

这种方式很安全，不过也有些固执了：默认为所有使用者选择了智能指针。万一他们不喜欢使用智能指针呢？或许他们更喜欢 shared_ptr 呢？这意味着他们不得不做额外的转换和操作。

第三种方式是使用原始指针，可能会与 GSL 的 owner<T> 一起使用。这种方式并不强制我们必须清理分配的对象，但会发送一条明确的信息，即清理该对象是调用者的责任：

```
owner<Foo*> make_foo(int n)
{
  return new Foo(n);
}
```

我们可以认为这种方式是在向使用者提供一种**提示**"我返回了一个指针，从现在起将由你来管理这个指针了"。现在，make_foo() 的调用者将接管该指针，不论是正确地调用 delete，还是将其封装在 unique_ptr 或 shared_ptr 中。记住，owner<T> 并没有提及拷贝相关的工作。

上述所有方式都是同等有效的，很难说哪一种方式是最佳的。

⊖ Donald Knuth 以《计算机程序设计艺术》（*The Art of Computer Programming*）系列书籍而闻名。他曾写过一篇论文，其中包括"过早优化是万恶之源"的主张。C++ 的早期优化的确充满诱惑，程序员应该拒绝这些诱惑，除非程序员清楚地了解自己将要做什么，并且确实需要通过优化来改善程序性能。

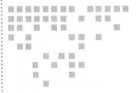

构造器模式

构造器（Builder）模式主要关注复杂对象的创建过程，复杂对象指的是难以通过调用单行构造函数来创建的对象。这些类型的对象本身可能由其他对象组成，并且可能涉及不太明显的逻辑，因此需要专门设计单独的组件来创建。

在此之前值得一提的是，虽然我们提到构造器模式关心的是复杂的对象，不过我们将先看一个简单的例子。这样做纯粹是为了空间优化，以便使业务逻辑的复杂性不影响读者们理解和领会构造器模式实际的实现方式。

2.1 预想方案

想象一下，我们正在创建一个呈现网页的组件。首先，我们将输出一个简单的无序列表，列表中包含两个项目，分别是"hello"和"world"。以下是一段非常简单的实现：

```
string words[] = { "hello", "world" };
ostringstream oss;
oss << "<ul>";
for (auto w : words)
  oss << " <li>" << w << "</li>";
oss << "</ul>";
printf(oss.str().c_str());
```

这的确满足了我们的需求，但是这种方法不够灵活。我们如何将符号列表更改为编号列表？创建列表后，如何添加其他项目？显然，这个僵化的方案不可能满足上述需求。

因此，我们可以采用 OOP 的思想定义一个 HtmlElement 类，用于存储每一类标签的信息：

```
struct HtmlElement
{
  string name, text;
  vector<HtmlElement> elements;

  HtmlElement() {}
  HtmlElement(const string& name, const string& text)
    : name(name), text(text) { }

  string str(int indent = 0) const
  {
    // pretty-print the contents
    // (implementation omitted)
  }
}
```

采用这种方法，我们可以使用更合理的方式来创建列表：

```
string words[] = { "hello", "world" };
HtmlElement list{"ul", ""};

for (auto w : words)
  list.elements.emplace_back("li", w);
printf(list.str().c_str());
```

这种方法很不错，它为我们提供了一个更加可控的面向对象驱动的项目列表的表示形式。但是每个 **HtmlElement** 的构建过程不是很方便，我们可以通过构造器模式来改进它。

2.2　简单构造器

构造器模式尝试将对象的分段构造过程封装到单独的类中。以下代码是我们对构造器模式的首次尝试：

```
struct HtmlBuilder
{
  HtmlElement root;

  HtmlBuilder(string root_name) { root.name = root_name; }

  void add_child(string child_name, string child_text)
  {
    root.elements.emplace_back(child_name, child_text);
  }

  string str() { return root.str(); }
};
```

上述代码中的 **HtmlBuilder** 是专门用于构建 HTML 元素的组件。**add_child()** 方法用于向当前的元素中添加其他子元素，每个子元素是 "名字 – 文本" 对。**HtmlBuilder**

的使用方法如下：

```
HtmlBuilder builder{ "ul" };
builder.add_child("li", "hello");
builder.add_child("li", "world");
cout << builder.str() << endl;
```

可以看到，此时 add_child() 方法返回的是 void。方法的返回值可以有许多用处，其中最常用的是帮助我们创建流式接口。

2.3　流式构造器

现在，我们将 add_child() 方法的定义修改如下：

```
HtmlBuilder& add_child(string child_name, string child_text)
{
  root.elements.emplace_back(child_name, child_text);
  return *this;
}
```

通过将 add_child() 方法的返回值修改为对 HtmlBuilder 的引用，现在 Builder 可以实现链式调用。这就是所谓的**流式接口**：

```
HtmlBuilder builder{ "ul" };
builder.add_child("li", "hello")
      .add_child("li", "world");
cout << builder.str() << endl;
```

使用引用还是指针完全取决于个人。如果我们想要通过 -> 运算符实现链式调用，则可以将 add_child() 定义如下：

```
HtmlBuilder* add_child(string child_name, string child_text)
{
  root.elements.emplace_back(child_name, child_text);
  return this;
}
```

然后通过 -> 调用：

```
HtmlBuilder builder{"ul"};
builder->add_child("li", "hello")
       ->add_child("li", "world");
cout << builder << endl;
```

2.4　向用户传达意图

现在我们已经有一个用于创建 HTML 元素的专用的 HtmlBuilder，但是怎样使用户知

道 **HtmlBuilder** 的使用方法呢？一种办法是，强制用户在构建对象时使用 **HtmlBuilder**。
以下代码是一种可行的做法：

```
struct HtmlElement
{
  string name;
  string text;
  vector<HtmlElement> elements;
  const size_t indent_size = 2;
  static unique_ptr<HtmlBuilder> create(const string& root_name)
  {
    return make_unique<HtmlBuilder>(root_name);
  }

protected: // hide all constructors
  HtmlElement() {}
  HtmlElement(const string& name, const string& text)
    : name{name}, text{text}
  {
  }
};
```

这一段代码采取双管齐下的办法。首先，我们隐藏了 **HtmlElement** 的所有构造函数，
所以无法在外部构造 **HtmlElement**。其次，我们创建了一个工厂方法（参见第 3 章），从
HtmlElement 直接创建构造器。该方法是一种静态方法。用户可以如下使用它：

```
auto builder = HtmlElement::create("ul");
builder.add_child("li", "hello").add_child("li", "world");
cout << builder.str() << endl;
```

但是别忘了，我们的最终目的是创建一个 **HtmlElement**，而不是它的构造器！所
以，锦上添花的做法是，通过定义调用运算符实现隐式转换，从而得到最终输出的 **Html-**
Element：

```
struct HtmlBuilder
{
  operator HtmlElement() const { return root; }
  HtmlElement root;
  // other operations omitted
};
```

不管怎样，增加了运算符后就可以写作以下代码：

```
HtmlElement e = HtmlElement::build("ul")
  .add_child("li", "hello")
  .add_child("li", "world");
cout << e.str() << endl;
```

遗憾的是，没有一种明确的方法可以告知其他用户要以上面的方式来使用这个 API。我们希望对构造函数的限制以及静态函数 `build()` 的存在能够让用户使用构造器。除了上面定义的运算符以外，还可以向 `HtmlBuilder` 添加相应的 `build()` 函数：

```
HtmlElement HtmlBuilder::build() const
{
  return root;
}
```

2.5　Groovy 风格的构造器

接下来的这个例子其实有点偏离构造器模式的主题，因为在这个示例中实际上看不到构造器的身影。这只是构建对象的一种备选方法。

Groovy、Kotlin 和其他编程语言都试图通过支持易于处理的语法结构来展示它们在构建 DSL 方面有多么出色。那么，C++ 有哪些不同呢？借助于 C++ 的初始化列表特性，我们可以使用普通的类来高效地构建与 HTML 兼容的 DSL。

首先，我们要定义一个 HTML 标签：

```
struct Tag
{
  string name;
  string text;
  vector<Tag> children;
  vector<pair<string, string>> attributes;

  friend ostream& operator<<(ostream& os, const Tag& tag)
  {
    // implementation omitted
  }
};
```

至此，我们定义的标签 `Tag` 可以存储标签名、文本、子元素（内部标签），甚至可以存储 HTML 的属性。我们还定义了一些可以优雅地打印 `Tag` 的函数，这里省略了函数的代码，因为它实在过于枯燥。

现在，我们定义一些受保护的构造函数（因为我们不希望外界直接对 `Tag` 进行初始化）。之前的实例告诉我们，至少要定义两个构造函数：

- ❏ 通过标签名 `name` 和文本 `text` 初始化的构造函数（比如，列表元素）。
- ❏ 通过标签名 `name` 和一系列子元素初始化的构造函数。

第二个构造函数更加有趣：我们将使用 `vector` 类型的参数来定义构造函数：

```
struct Tag
```

```
{
  ...
protected:
  Tag(const string& name, const string& text)
    : name{name}, text{text} {}

  Tag(const string& name, const vector<Tag>& children)
    : name{name}, children{children} {}
};
```

现在，可以从 Tag 类派生出其他的类，但只能派生出一些有效的 HTML 标签类（从而限制了 DSL）。接下来，我们定义两个标签，一个是段落标签，另一个是图片标签：

```
struct P : Tag
{
  explicit P(const string& text)
    : Tag{"p", text} {}

  P(initializer_list<Tag> children)
    : Tag("p", children) {}
};

struct IMG : Tag
{
  explicit IMG(const string& url)
    : Tag{"img", ""}
  {
    attributes.emplace_back({"src", url});
  }
};
```

上面代码中的构造函数进一步限制了我们的 API。根据这些构造函数，段落标签只能包含文本或一串子标签。另外，图片标签不能包含其他标签，只能有一个名为 img 的标签属性以及要加载的图片的地址。

很诡异的技巧！……现在，借助前面定义的统一初始化过程和构造函数，我们可以编写如下代码：

```
cout <<
  P {
    IMG { "http://pokemon.com/pikachu.png" }
  }
  << endl;
```

这很酷，不是吗？我们已经为段落和图片构建了一种小型 DSL，整个过程完全看不到 add_child() 调用，而且这个模型可以很容易地扩展来支持其他标签！

2.6 组合构造器

我们将以使用多个构造器来构建单个对象的示例来结束对构造器模式的讨论。现在，假设我们想记录一个人的某些信息：

```
class Person
{
  // address
  string street_address, post_code, city;

  // employment
  string company_name, position;
  int annual_income = 0;

  Person() {}
};
```

Person 有两方面的信息：地址信息和工作信息。如果要用单独的构造器来分别创建不同的信息，我们该如何定义最实用的 API 呢？为此，我们将创建一个组合构造器。这个创建过程很重要，所以请注意——尽管我们想针对工作信息和地址信息分别创建构造器，但我们将生成不少于 4 个不同的类。图 2-1 展示了我们想要创建的类及其关系。

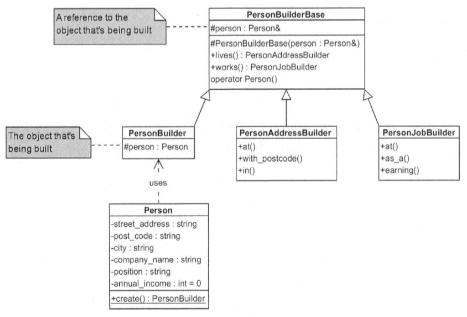

图 2-1　组合构造器模式类示意图

第一个类是 PersonBuilderBase：

```
class PersonBuilderBase
{
protected:
  Person& person;
  explicit PersonBuilderBase(Person& person)
    : person{person} {}

public:
  operator Person()
  {
    return move(person);
  }

  // builder facets
  PersonAddressBuilder lives() const;
  PersonJobBuilder works() const;
};
```

这比之前定义构造器复杂多了，接下来我们将逐个讨论 PersonBuilderBase 的各个成员：

❑ person：这是对即将创建的对象的引用。也许看起来很奇怪，但这对创建 person 对象的子构造器却很有意义！注意一个关键点，在这个类中并没有实际存储 Person 的成员！这个类存储的是 Person 的引用，而不是实际构建的 Person 对象。

❑ 以 Person 的引用作为参数的构造函数被声明为 protected（受保护的），因此只有其派生类（PersonAddressBuilder 和 PersonJobBuilder）可以使用它。

❑ Operator Person() 是我们之前使用过的一个技术，这个函数假设 Person 提供了一个正确定义的移动构造函数——通过 IDE 很容易实现。

❑ lives() 和 works() 是两个返回构造器的函数：它们分别完成对地址信息和工作信息的构建。

现在，基类中唯一缺少的就是实际要构建的对象了。它在哪儿呢？实际上，它存储在即将定义的派生类 PersonBuilder 中。这个类也是我们希望用户真正使用的类：

```
class PersonBuilder : public PersonBuilderBase
{
  Person p; // object being built
public:
  PersonBuilder() : PersonBuilderBase{p} {}
};
```

PersonBuilder 才是真正要构建 Person 类的地方。PersonBuilder 不是用于继承的，它只是一个构建构造器初始化过程的工具[⊖]。

⊖　这种方法将代码的结构划分为两个独立的基类，以避免复制 Person 实例。该方法是由 GitHub 上的 @CodeByATool 提出的！

为什么我们要定义不同的 public 和 protected 构造函数？我们来看一下其中一个子构造器的实现：

```
class PersonAddressBuilder : public PersonBuilderBase
{
  typedef PersonAddressBuilder self;
public:
  explicit PersonAddressBuilder(Person& person)
    : PersonBuilderBase{ person } {}

  self& at(string street_address)
  {
    person.street_address = street_address;
    return *this;
  }

  self& with_postcode(string post_code) { ... }

  self& in(string city) { ... }
};
```

可以看到，PersonAddressBuilder 提供了创建 person 地址的流式接口。注意，PersonAddressBuilder 实际上继承自 PersonBuilderBase（这意味着它也有 lives() 和 works() 函数）并且将 Person 的引用传入 PersonBuilder 的构造函数。PersonAddressBuilder 并没有继承自 PersonBuilder——如果它这么做了，我们将会创建很多 Person 实例，但老实说，我们只需要一个就够了。

可以想见，PersonJobBuilder 会以同样的方式来实现。PersonAddressBuilder 和 PersonJobBuilder 以及 PersonBuilder，均声明为 Person 类的友元类（friend），因此它们可以访问 Person 的私有成员。

现在，是见证如何构建 Person 的时候了！以下示例代码展示了上述构造器是如何工作的：

```
Person p = Person::create()
  .lives().at("123 London Road")
          .with_postcode("SW1 1GB")
          .in("London")
  .works().at("PragmaSoft")
          .as_a("Consultant")
          .earning(10e6);
```

看到发生什么了吗？我们使用 create() 函数得到了一个构造器，然后使用 lives() 函数获得了一个 PersonAddressBuilder。一旦我们完成地址信息的初始化，仅通过调用 works() 就可以使用 PersonJobBuilder 了。

当完成构建过程后，我们可以像之前一样得到构建的 Person 对象。注意，一旦构建完成，构造器就没有用了，因为我们调用 move() 函数来移动 Person。

2.7　参数化构造器

正如前面所展示的示例，强制用户使用构造器而不是直接构造对象的唯一办法是使构造函数不可访问。然而，在某些情况下，我们可能想要明确地强制用户从一开始就与构造器打交道，甚至我们可能希望隐藏他们正在构建的对象。

例如，假设我们有一个用于发送电子邮件的 API，其内部对电子邮件的描述如下：

```cpp
class Email {
public:
  string from, to, subject, body;
  // possibly other members here
};
```

注意，这里所说的"内部"是指——不想让用户直接与这个类打交道，也许是因为 Email 类中存储了一些关于附加服务的信息。Email 的部分内容是可选的（例如 subject），所以 Email 对象不必设置所有的属性成员。

现在，我们决定实现一个流式构造器，通过这个构造器，用户将在幕后构建 Email。以下代码是流式构造器的一种可能的实现方式：

```cpp
class EmailBuilder{
  Email& email;
public:
  explicit EmailBuilder(Email &email) : email(email) {}
  EmailBuilder& from(string from)
  {
    email.from = from;
    return *this;
  }
  // other fluent members here
};
```

现在，为了强制用户只通过构造器发送邮件，我们可以实现一个 MailService：

```cpp
class MailService
{
  class Email { ... }; // keep it private
public:
  class EmailBuilder { ... };

  void send_email(function<void(EmailBuilder&)> builder)
  {
    Email email;
    EmailBuilder b{email};
    builder(b);
    send_email_impl(email);
  }
```

```
private:
  void send_email_impl(const Email& email)
  {
    // actually send the email
  }
};
```

可以看到，用户使用的 `send_email()` 方法的入口并不是一组参数或预先打包好的对象，而是携带了一个函数。这个函数以 `EmailBuilder` 的引用为参数，然后通过 `EmailBuilder` 构建邮件的主体内容。一旦构建工作完成，我们就可以使用 `MailService` 的内部机制来生成一个完全初始化的 `Email`。

可以看到，这里有一个巧妙的技巧：`EmailBuilder` 通过其构造函数的参数来获得 `Email` 的引用，而不是在其内部存储 `Email` 的引用。这么做的原因是，通过这种方式，`EmailBuilder` 也就不必在它的任何一个 API 中公开暴露 `Email`。

以下代码以用户的视角来展示这些 API 的使用方式：

```
MailService ms;
ms.send_email([&](auto& eb) {
  eb.from("foo@bar.com")
    .to("bar@baz.com")
    .subject("hello")
    .body("Hello, how are you?");
});
```

长话短说，不论用户喜欢与否，参数化构造器模式强制用户通过我们提供的 API 来使用构造器。我们采用的这种基于函数的技巧能够确保用户获得已初始化的构造器对象。

2.8 构造器模式的继承性

一个有趣的问题是流式构造器的继承性，这个问题不仅影响着流式构造器，也影响着任意一个使用了流式接口的类。某个流式构造器可能继承自另一个流式构造器吗？答案是肯定的，但是并不容易。

这就是问题所在。假设，我们要构建一个很简单的对象：

```
class Person
{
public:
  string name, position, date_of_birth;

  friend ostream& operator<<(ostream& os, const Person& obj)
  {
    return os
      << "name: " << obj.name
```

```
        << " position: " << obj.position
        << " date_of_birth: " << obj.date_of_birth;
    }
};
```

我们定义了一个基类 `PersonBuilder` 用于构建 `Person` 对象：

```
class PersonBuilder
{
protected:
  Person person;
public:
  [[nodiscard]] Person build() const {
    return person;
  }
};
```

紧接着是一个专门用于构建 `Person` 名称的类：

```
class PersonInfoBuilder : public PersonBuilder
{
public:
  PersonInfoBuilder& called(const string& name)
  {
    person.name = name;
    return *this;
  }
};
```

这种做法可行，并且绝对没有任何问题。但现在，假设我们要从 `PersonInfoBuilder` 派生另一个类，以构建 `Person` 的工作信息。也许我们会编写如下代码：

```
class PersonJobBuilder : public PersonInfoBuilder
{
public:
  PersonJobBuilder& works_as(const string& position)
  {
    person.position = position;
    return *this;
  }
};
```

不幸的是，现在我们已经破坏了流式接口，并且使得整个创建过程不再可用：

```
PersonJobBuilder pb;
auto person =
  pb.called("Dmitri")
    .works_as("Programmer") // will not compile
    .build();
```

为什么前面的代码编译通不过呢？原因很简单：called() 方法返回的 *this 是 PersonInfoBuilder& 类型的，但 PersonInfoBuilder 类并没有定义 work_as() 方法！

或许我们会对此感到绝望。但仍有办法：我们可以使用继承性设计流式 API，不过这会有一点棘手。我们来看重新设计 PersonInfoBuilder 类所涉及的内容。以下是它的新实现：

```cpp
template <typename TSelf>
class PersonInfoBuilder : public PersonBuilder
{
public:
  TSelf& called(const string& name)
  {
    person.name = name;
    return static_cast<TSelf&>(*this);
    // alternatively, *static_cast<TSelf*>(this)
  }
};
```

这是经典的 CRTP。我们引入了一个新的模板参数 TSelf。我们期望这个参数继承自 PersonInfoBuilder<TSelf>。这也许看起来很奇怪，尤其是没有 concept 或 static_assert——遗憾的是，C++ 无法完成像这样的自我检查，因为想要完成某个类自我检查时，尚未对这个类进行完整的定义。

流式接口继承最大的问题在于，在调用基类的流式接口时，能否将基类内部的 this 指针转换为正确的类型并作为该流式接口的返回值。解决这个问题唯一有效的方法是使用一个贯穿整个继承层次的模板参数（TSelf）。

为了理解这一点，我们再来看看 PersonJobBuilder：

```cpp
template <typename TSelf>
class PersonJobBuilder :
  public PersonInfoBuilder<PersonJobBuilder<TSelf>>
{
public:
  TSelf& works_as(const string& position)
  {
    this->person.position = position;
    return static_cast<TSelf&>(*this);
  }
};
```

注意看 PersonJobBuilder 的基类！它不再是之前那个普通的 PersonInfoBuilder，相反，基类的类型是 PersonInfoBuilder<PersonJobBuilder<TSelf>>！因此，当继承自 Person-InfoBuilder 时，我们将 PersonInfoBuilder 的 TSelf 参数设置为 PersonJobBuilder，以使基类的所有流式接口返回正确的类型，而不是基类本身的类型⊖。

⊖ 流式接口内通过 static_cast 将 this 转换为 TSelf 类型的引用或指针，所以返回的不再是 this 的类型。——译者注

这样做有用吗？如果没有用，那请继续看一下上面的源代码。不妨检验一下对此的理解程度：假设现在加入另一个属性 date_of_birth 和对应的 PersonDateOfBirthBuilder，那么应该继承自哪个类呢？

如果你认为是 PersonInfoBuilder<PersonJobBuilder<PersonBirthDateBuilder<SELF>>>，那就错了。思考一下，PersonJobBuilder 已经是一个 PersonInfoBuilder 了，所以 PersonInfoBuilder 不必再出现在继承关系链中。相反，我们可以将 PersonBirth-DateBuilder 定义如下：

```
template <typename TSelf>
class PersonBirthDateBuilder
  : public PersonJobBuilder<PersonBirthDateBuilder<TSelf>>
{
public:
  TSelf& born_on(const string& date_of_birth)
  {
    this->person.date_of_birth = date_of_birth;
    return static_cast<TSelf&>(*this);
  }
};
```

最后一个问题是，鉴于这些类总是带有模板参数，我们该如何构造这样的构造器呢？恐怕需要一个新的类型，而不仅是一个变量。所以，我们需要在某个地方编写如下的代码：

```
class MyBuilder : public PersonBirthDateBuilder<MyBuilder> {};
```

这可能是最令人厌烦的一个实现细节：为了使用上面定义的构造器，我们需要从递归的带有模板参数的类派生出不带模板参数的类。

也就是说，现在我们可以利用 MyBuilder 继承链中的方法将所有内容放在一起：

```
MyBuilder mb;
auto me =
  mb.called("Dmitri")
    .works_as("Programmer")
    .born_on("01/01/1980")
    .build();
cout << me;
// name: Dmitri position: Programmer date_of_birth: 01/01/1980
```

2.9 总结

构造器模式的目的是简化复杂对象或一系列对象的构建过程，从而单独定义构成该复杂对象的各个组件的构建方法。通过前面的内容，我们已经观察到构造器模式有以下特点：

❑ 构造器模式可以通过流式接口调用链来实现复杂的构建过程。为了实现流式接口，构造器的函数需要返回 this 或 *this。

❑ 为了强制用户使用构造器的 API，我们可以将目标对象的构造函数限制为不可访问，同时，定义一个 create() 接口返回构造器。

❑ 通过定义适当的运算符，可以使构造器转换为对象本身。

❑ 借助 C++ 新特性中的统一初始化语法，可以实现 Groovy 风格的构造器。这是一种很通用的方法，可创建各式各样的 DSL。

❑ 单个构造器接口可以暴露多个子构造器接口。通过灵活地使用继承和流式接口，很容易将一个构造器变换为另一个构造器。

再次重申，当对象的构建过程是非普通的时候，构造器模式是有意义的。对于那些通过数量有限且命名合理的构造函数参数来明确构造的简单对象而言，它们应该使用构造函数（或依赖注入），而不必使用构造器模式。

工厂方法和抽象工厂模式

我曾遇到过一个问题并且尝试使用 Java 解决，现在我有一个 ProblemFactory。

——Java 的老笑话

本章同时包含了 GoF 的两种设计模式：工厂方法模式和抽象工厂模式。这两个设计模式紧密相关，所以放在一起来讨论。

3.1 预想方案

我们将考虑一个非常简单的由墙组成的建筑物结构的模型。墙由以下几部分组成：

❑ 定义墙面底部起止二维坐标的点；

❑ 墙的**海拔**，即墙底部相对于某个基线的高度或 z 坐标；

❑ 墙的高度。

我们可以对墙做如下建模：

```
class Wall
{
  Point2D start, end;
  int elevation, height;
public:
  Wall(Point2D start, Point2D end, int elevation, int height)
    : start{start}, end{end}, elevation{elevation}, height
    {height} { }
};
```

为了让模型更加接近实际，我们可以将"薄"墙扩展为包含宽度（即墙有多厚）和材质信息的 SolidWall：

```
enum class Material
{
  brick,
  aerated_concrete,
  drywall
};
class SolidWall : public Wall
{
  int width;
  Material material;
public:
  SolidWall(Point2D start, Point2D end, int elevation,
    int height, int width, Material material)
    : Wall{start, end, elevation, height},
      width{width}, material{material} {}
};
```

此时，这两个类都有可以被直接调用的公共（public）构造函数。然而，对于 SolidWall 这个类，我们不妨加入一些现实世界中的限制。例如，假设：

❑ 加气混凝土不能用于地下建筑；

❑ 墙的最小厚度是 120mm⊖。

这些限制条件需要加入 SolidWall 对象的构造过程中，但是如何实现呢？由于构造函数不能返回任意的数据类型，验证输入参数是否符合限制条件的一个可行的办法是抛出异常：

```
SolidWall::SolidWall(const Point2D start, const Point2D end,
                     const int elevation,
                     const int height, const int width,
                     const Material material)
  : Wall{start, end, elevation, height},
    width{width}, material{material}
{
  if (elevation < 0 && material == Material::aerated_concrete)
    throw invalid_argument("elevation");

  if (width < 120 && material == Material::brick)
    throw invalid_argument("width");
}
```

这个方法不是最好的，原因有许多。首先，也许有人会争论说验证过程是一个单独的主题，如果验证的数量和复杂程度增加，那么将它们放到构造函数中并不合适。但这个方法真正的问题在于异常对于构造函数的限制。例如，我们不能在构造函数中简单地返回一些错误码或空指针而拒绝构造 SolidWall 对象。

事实上，如果使用的是块体材料，则不能任意构建墙。问题是，制造这些块体的工厂

⊖ 假设标准砖块的尺寸为 250mm×250mm×65mm。标准砖块的尺寸因国家而异。

生产的是一些对建筑商最有用的固定尺寸的块体。因此，我们只能自己建造特定类型的墙。

3.2　工厂方法

我们暂时把相关的验证代码从构造函数中移除，并且将构造函数声明为受保护的（`protected`）。现在，我们可以添加一对静态方法以使用预定义尺寸和材料构建 `SolidWall`对象：

```
class SolidWall : public Wall
{
  int width;
  Material material;
protected:
  SolidWall(const Point2D start, const Point2D end,
    const int elevation,
    const int height, const int width, const Material material);
public:
  static SolidWall create_main(Point2D start, Point2D end,
    int elevation, int height)
  {
    return SolidWall{start, end, elevation, height,
                     375, Material::aerated_concrete};
  }

  static unique_ptr<SolidWall> create_partition(Point2D start,
    Point2D end,
    int elevation, int height)
  {
    return make_unique<SolidWall>(start, end, elevation,
      height, 120, Material::brick);
  }
};
```

这些静态方法返回对象的方式完全由我们决定。在第一个构建方法（构建 375 mm 的加气混凝土承重墙）中，方法以按值传递的方式返回构建好的对象。在第二个方法（构建隔墙）中，我们使用 120 mm 的砖块，并且以 `unique_ptr` 形式返回。

这两种静态方法都被称为**工厂方法**。它们强制用户创建特定类型而非任意类型的墙。我们可以像下面那样使用工厂方法：

```
const auto main_wall = SolidWall::create_main({0,0}, {0,3000},
2700, 3000);
cout << main_wall << "\n";
// start: (0,0) end: (0,3000) elevation: 2700 height: 3000
// width: 375 material: aerated concrete
```

将构造函数声明为受保护的做法并不是强制的：如果你觉得合适，就可以保留两个预定义的工厂方法，同时再定义一个完全初始化的公共构造函数。另外，如果你不希望这个类被继承，则可以将构造函数声明为私有的（**private**）。

3.3 工厂

也许你注意到了，在工厂方法中，我们摆脱了验证输入参数的步骤。其中的某些过程已经不再需要了，但我们仍旧不允许将加气混凝土用于地下建筑。我们可以参照下面的示例代码来重新定义工厂方法：

```
static shared_ptr<SolidWall> create_main(Point2D start,
  Point2D end, int elevation, int height)
{
  if (elevation < 0) return {};

  return make_shared<SolidWall>(start, end, elevation, height,
    375, Material::aerated_concrete);
}
```

注意，上述代码使用的是 **shared_ptr**，如果参数验证不通过则返回一个默认的初始值。这种方法使得工厂方法在某些参数不满足条件时拒绝构建指定的对象：

```
// this will fail
const auto also_main_wall =
  SolidWall::create_main({0,0}, {10000,0}, -2000, 3000);
if (!also_main_wall)
  cout << "Main wall not created\n";
```

不过得注意一点，在建筑物内部，如果新建的墙会与已经修建好的墙相交，则不能创建这一堵墙。如何来实现这种约束呢？我们需要跟踪记录已创建好的每一面隔墙，但是应在何处记录这个信息呢？保存在 **SolidWall** 内部显然毫无意义——尤其是在类似机制需要多态交互的情况下。

为了解决这个问题，我们引入一个**工厂**，即专门负责创建特殊类型对象的单独的类。我们可以将 **WallFactory** 定义为：

```
class WallFactory
{
  static vector<weak_ptr<Wall>> walls;
public:
  static shared_ptr<SolidWall> create_main(Point2D start,
    Point2D end, int elevation, int height)
  {
    // as before
  }
```

```
static shared_ptr<SolidWall> create_partition(Point2D start,
  Point2D end,
  int elevation, int height)
{
  const auto this_wall =
    new SolidWall{start, end, elevation, height, 120,
    Material::brick};

  // ensure we don't intersect other walls
  for (const auto wall: walls)
  {
    if (auto p = wall.lock())
    {
      if (this_wall->intersects(*p))
      {
        delete this_wall;
        return {};
      }
    }
  }
  shared_ptr<SolidWall> ptr(this_wall);
  walls.push_back(ptr);
  return ptr;
  }
};
```

这段代码将每一堵已创建的墙保存在 vector<weak_ptr<Wall>> 中。首先，我们以传统的方式（即使用 new）来创建 SolidWall，然后检查新创建的 SolidWall 是否与已存在的墙相交。如果相交，则删除（delete）它并返回一个包含默认值的对象的指针。否则，我们将这个对象的指针封装到 shared_ptr，以 weak_ptr 的形式保存起来并返回。

这里需要注意几个关键点：

❑ 如果我们想将 SolidWall 的构造函数定义为私有的或受保护的，那么 SolidWall 必须将类 WallFactory 声明为友元类，但这明显违背了开闭原则。

❑ 即使已经将 WallFactory 声明为 SolidWall 的友元类，我们仍旧无法使用 make_shared。这并不算是严重的问题（因为我们维护了一个 weak_ptr），不过总的来说，这或许会是一个问题。

现在，我们可以使用工厂而不是类 Wall 来创建对象：

```
const auto partition = WallFactory::create_partition(
  {2000,0}, {2000,4000}, 0, 2700);
cout << *partition << "\n";
// start: (2000,0) end: (2000,4000) elevation: 0
// height: 2700 width: 120 material: brick
```

3.4 工厂方法和多态

不论工厂方法属于被创建的对象本身，还是属于单独定义的工厂，使用工厂方法的好处之一是它们可以返回多态类型。当然，这种做法将以按值传递返回对象的想法给排除了（因为按值传递将导致对象切割），不过我们可以返回普通指针或智能指针。

例如，假如我们定义了一个枚举类 `WallType` 用于指定需要基本的墙（基类 `Wall`）还是 `SolidWall`——承重墙还是隔墙。

```cpp
enum class WallType
{
  basic,
  main,
  partition
};
```

我们可以定义以下多态工厂方法：

```cpp
static shared_ptr<Wall> create_wall(WallType type, Point2D start,
  Point2D end, int elevation, int height)
{
  switch (type)
  {
  case WallType::main:
    return make_shared<SolidWall>(start, end, elevation, height,
      375, Material::aerated_concrete);
  case WallType::partition:
    return make_shared<SolidWall>(start, end, elevation, height,
      120, Material::brick);
  case WallType::basic:
    //return make_shared<Wall>(start, end, elevation, height);
    return shared_ptr<Wall>{new Wall(start, end, elevation,
    height)};
  }
  return {};
}
```

为了简化代码，再次移除验证参数的相关代码。如上述代码所示，函数的返回类型是 `shared_ptr<Wall>`，但在有的场景下，函数也会返回 `shared_ptr<SolidWall>`。多态工厂方法的用法如下：

```cpp
const auto also_partition =
  WallFactory::create_wall(WallType::partition, {0,0},
  {5000,0}, 0, 4200);
if (also_partition)
  cout << *dynamic_pointer_cast<SolidWall>(also_partition) << "\n";
```

当使用多态工厂方法时，需要格外注意：调用任何没有使用关键字 `virtual` 限定的方法都将只会得到基类中该方法所定义的行为。例如，如果 `Wall` 和 `SolidWall` 两个类都定义了 `ostream& operator<<`，在不使用 `dynamic_pointer_cast` 的情况下，我们将看到只有基类 `Wall` 的输出。

3.5　嵌套工厂

到目前为止，从构造函数迁移到工厂，涉及以下步骤：

❑ 将构造函数声明为受保护的。

❑ 将工厂声明为对象的友元类。如果定义的某些类具有一定的层次结构，那么需要在这个层次结构中的每一个元素重复上面的操作——这实在是太不方便了！

❑ 在工厂方法内部创建对象，然后以 `shared_ptr` 的形式返回。注意，在工厂方法内部，我们不可以调用 `make_shared`——因为我们无法调用。

上述所有步骤的核心问题在于对象和创建该对象的工厂之间的纠缠。如果工厂在对象之后创建，并且由我们来控制工厂创建过程，那么包含友元类的声明显然违背了开闭原则。但如果工厂要创建一个它自己都无从知晓的对象，将工厂视为友元类显然更不可能。

如果你准备从一开始就与工厂和对象打交道，那么可以考虑第三种选择，即创建嵌套（内部）的工厂，也就是说，在对象内部定义工厂：

```
class Wall
{
  // other members as before
private:
  class BasicWallFactory
  {
    BasicWallFactory() = default;
  public:
    shared_ptr<Wall> create(const Point2D start,
      const Point2D end,
      const int elevation, const int height)
    {
      Wall* wall = new Wall(start, end, elevation, height);
      return shared_ptr<Wall>(wall);
    }
  };
public:
  static BasicWallFactory factory;
};
```

关于 `BasicWallFactory` 类，需要注意以下几点：

❑ 这个工厂在类 Wall 的私有的代码块中，并且其构造函数也被声明为私有的。因此，外部其他地方无法直接初始化 BasicWallFactory。

❑ 与之前我们见到的工厂方法不同的是，这里的工厂方法不是静态的。

❑ 类 Wall 将这个工厂对外暴露为一个静态的成员[⊖]。

我们接下来可以按照以下方式来使用工厂：

```
auto basic = Wall::factory.create({0,0}, {5000,0}, 0, 3000);
cout << *basic << "\n";
```

如果要更改此处的设计，那么也得完全修改相关联的地方。比如，如果将 BasicWall-Factory 类放在公共区域，那么就不必在工厂内声明友元类[⊖]。又比如，如果你觉得同时使用作用域运算符 "∶∶" 和成员运算符 "." 很烦，那么可以将 BasicWallFactory 内部的方法也声明为静态的，然后就可以通过 Wall::factory::create() 来调用工厂方法。

3.6 抽象工厂

目前为止，我们已经领略过了单个对象的创建过程。有时，我们也许会参与整个族类对象的创建。这实际上是一种非常罕见的场景，因此与工厂方法和旧工厂模式不同，抽象工厂模式是一种只在复杂系统中出现的模式。无论如何，出于历史原因，我们需要讨论它。

考虑一个简单的场景：假设你在一个咖啡馆工作，咖啡馆可以供应茶和咖啡。这两种热饮是通过完全不同的设备制作的，我们可以将二者都模拟为工厂。实际上茶和咖啡既可以是热饮，也可以是冷饮，我们先讨论热饮情况。首先，我们定义什么是热饮（HotDrink）：

```
struct HotDrink
{
  virtual void prepare(int volume) = 0;
};
```

函数 prepare() 用于准备指定容量的热饮。例如，对于茶，可以实现如下：

```
struct Tea : HotDrink
{
  void prepare(int volume) override
  {
    cout << "Take tea bag, boil water, pour " << volume
      << "ml, add some lemon" << endl;
  }
};
```

⊖ 在这个示例以及许多其他示例中，省略了使用默认值来初始化类的静态成员的代码。

⊖ 此处有误，本身也不必声明友元类。——译者注对于咖啡，其实现也是类似的。此时，我们可以编写一个 `make_drink()` 函数，该函数以饮品名称作为参数，然后返回对应的饮品。如果考虑一组极其分散的饮品种类名，那么代码看起来将极其乏味：

```cpp
unique_ptr<HotDrink> make_drink(string type)
{
  unique_ptr<HotDrink> drink;
  if (type == "tea")
  {
    drink = make_unique<Tea>();
    drink->prepare(200);
  }
  else
  {
    drink = make_unique<Coffee>();
    drink->prepare(50);
  }
  return drink;
}
```

请记住，不同种类的饮品是由不同的设备制作的。在本示例中，我们目前只关注热饮，并且通过恰如其名的类 `HotDrinkFactory` 来制作热饮：

```cpp
class HotDrinkFactory
{
public:
  virtual unique_ptr<HotDrink> make() const = 0;
};
```

这个类恰好是一个**抽象工厂**：它本身是有具体接口的工厂，但它是抽象的，这就意味着即使它可以作为函数的参数，我们也需要具体的代码来实现制作饮品。比如，以制作咖啡为例，我们可以给出如下代码实现：

```cpp
class CoffeeFactory : public HotDrinkFactory
{
public:
  unique_ptr<HotDrink> make() const override
  {
    return make_unique<Coffee>();
  }
}
```

对于 `TeaFactory`，其实现也是类似的。现在，假设我们要制作不同的饮料，比如热饮或冷饮，因此需要定义更高级别的接口。我们可以定义一个命名为 `DrinkFactory` 的类，让这个类包含不同种类工厂的引用：

```cpp
class DrinkFactory
{
  map<string, unique_ptr<HotDrinkFactory>> hot_factories;
public:
  DrinkFactory()
  {
    hot_factories["coffee"] = make_unique<CoffeeFactory>();
    hot_factories["tea"] = make_unique<TeaFactory>();
  }

  unique_ptr<HotDrink> make_drink(const string& name)
  {
    auto drink = hot_factories[name]->make();
    drink->prepare(200); // oops!
    return drink;
  }
};
```

这里假设我们根据饮品的名称而不是某些数值或枚举成员来获取想要的饮料，因此在上面的代码中，类 DrinkFactory 定义了一个包含字符串和对应类型的工厂的映射（map）：实际的工厂类型是 HotDrinkFactory（我们之前定义的抽象类），并且它们通过智能指针存储而不是直接存储（这很有用，因为我们要防止发生对象切割）。

现在，如果客户想要一杯饮品，我们可以找到对应的工厂（想象成咖啡店员走向正确的设备），生产指定的饮品并精确地准备客户需要的量（前面的示例中将其设置为常量，我们可以将其修改为参数），最后将饮品返回给客户。

3.7 函数式工厂

最后要提及的一点是，当我们使用术语"工厂"时，通常指的是下面两个概念之一：

❑ 指一个类，这个类可以创建对象。

❑ 指一个函数，当调用这个函数时，可以创建一个对象。

第二个概念并不是工厂方法的典型使用场景。如果传入 function<> 类型的参数（或者传入普通的函数指针），该函数返回类型为 T 的变量，这也是一种工厂而不是工厂方法。这也许看起来有些奇怪，但如果将它同等看作成员函数，或许能更好地理解这一点。

```cpp
void construct(function<T()> f)
{
  T t = f();
  // use t somehow
}
```

幸运的是，函数可以保存在变量中，这意味着我们可以将准备 200 mL 的饮品的过程全部放在函数内部处理，而不必保存指向工厂的指针（正如我们在 **DrinkFactory** 中做的那样）。这可以通过将工厂替换为函数块来实现，比如：

```
class DrinkWithVolumeFactory
{
  map<string, function<unique_ptr<HotDrink>()>> factories;
public:
  DrinkWithVolumeFactory()
  {
    factories["tea"] = [] {
      auto tea = make_unique<Tea>();
      tea->prepare(200);
      return tea;
    }; // similar for Coffee
  }
};
```

当然，采用这种方法后，可以简化为直接调用保存的工厂，即：

```
inline unique_ptr<HotDrink>
DrinkWithVolumeFactory::make_drink(const string& name)
{
  return factories[name]();
}
```

这样就可以像之前一样使用 make_drink()。

3.8 对象追踪

与调用构造函数相比，工厂更难使用（不像构造函数那么明确），如果能从工厂中获得某些便利就好了。使用工厂的一种便利是，我们可以追踪所有已经创建的对象。我们在之前创建 **WallFactory** 的时候已经见识过这一点。

使用工厂的好处包括：

❑ 可以知道已经创建的特定类型的对象的数量。

❑ 可以修改或者完全替换整个对象（在数学意义上）的创建过程。

❑ 如果使用的是智能指针，则可以通过观察对象的引用计数来获知对象在其他地方被引用的数量。

服务定位器或控制反转容器可以采取这种对象追踪的策略。这样的容器可以以 **shared_ptr** 的形式构造对象，但在内部以 **weak_ptr** 的形式管理，这样既可以观察对象状态，又可以在运行时完全替换为新的对象。

一旦引入这种对象构建方式，就可以迭代之前创建的 **MyClass** 类型的所有对象。请记住，由于这些对象都以 **weak_ptr** 形式进行管理，因此在 **weak_ptr** 所管理对象已被销毁时[一]，需要清理这些 weak_ptr。

　　这种方法允许"运行时编译"，即在应用程序运行时可以修改和重新编译部分源代码，并且可以在不中断程序和完全重新编译的前提下，用更新的实例替换特定对象的所有现有实例。然而，这种方法相当复杂，本书将不演示这种方法的实现。

3.9　总结

　　我们来回顾一下本章的一些术语：

❑ **工厂方法**：类的成员函数，用于创建对象。它通常可以替换构造函数。

❑ **工厂**：一个类，它知道如何创建对象。不过，如果我们传入给一个函数传入可创建对象的参数（如函数或者类似的"对象"），那么这个参数也被称为工厂。

❑ **抽象工厂**：正如其名称所表示的意义，抽象类可以被具体的类继承，由此产生了一个工厂类族。实际开发中抽象工厂很少见。

相比调用构造函数，使用工厂有几个关键优势，即：

❑ 工厂可以拒绝构建对象，也就是说，工厂可以返回默认初始化的智能指针，可以返回 optional<T> 或空指针 nullptr，而不用必须返回一个对象。

❑ 工厂方法可以是多态的，因此工厂方法可以返回基类或基类的指针。使用其他方式（比如使用 variant），工厂方法还可以支持返回不同的数据类型。

❑ 与构造函数命名不同，工厂方法的命名不受约束并且可以更有意义，我们可以将其命名为任何名称。

❑ 工厂可以实现缓存和其他存储优化；对于诸如池[二]或单例模式之类的方法来说，这也是一种不错的选择（稍后将对此进行详细介绍）。

❑ 工厂可以将对象不同的关注点内容（比如验证代码）封装（即关注点分离）。

工厂模式与构造器模式的差别在于，使用工厂模式，我们可以一次创建一个完整的对象；而使用构造器模式，则需要分步提供对象的部分信息才能逐步完成一个对象的创建。

⊖　即 expired() 返回 true。——译者注
⊜　如内存池、线程池等。——译者注

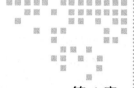

第 4 章　*Chapter 4*

原型模式

考虑一下我们日常使用的东西，比如汽车或手机。它们并不是从零开始设计的，相反，制造商会选择一个现有的设计方案并对其做适当的改进，使其外观区别于以往的设计，然后淘汰老式的方案，开始销售新产品。这是普遍存在的场景，在软件世界中，我们也会遇到类似的情形：有时，相比从零开始创建对象（此时工厂和构造器模式可以发挥作用），我们更希望使用预先构建好的对象或其拷贝或者基于此做一些自定义设计。

由此，我们产生了一种想法，即原型模式：一个原型是指一个模型对象，我们对其进行拷贝、自定义拷贝，然后使用它们。原型模式的挑战实际上是拷贝部分，其他一切都很简单。

4.1　对象构建

大多数对象通过构造函数进行构建。但是如果已经有一个完整配置的对象，为什么不简单地拷贝该对象而非要重新创建一个相同的对象呢？如果必须使用构造器模式来简化逐段构建对象的过程，那么理解原型模式则尤其重要。

我们先看一个简单但可以直接说明对象拷贝的示例：

```
Contact john{ "John Doe", Address{"123 East Dr", "London", 10 } };
Contact jane{ "Jane Doe", Address{"123 East Dr", "London", 11 } };
```

john 和 jane 工作在同一栋建筑大楼的不同办公室。可能有许多人也在 123 East Dr 工作，在构建对象时我们想避免重复对该地址信息做初始化。怎么做呢？

原型模式与对象拷贝相关。当然，我们没有通用的方法来拷贝对象，但是可以选择一些可选的对象拷贝方法。

4.2 普通拷贝

如果正在拷贝一个值和一个其所有成员都是通过值的方式来存储的对象，那么拷贝毫无问题。例如，在之前的示例中，如果将 Contact 和 Address 定义为：

```
class Address
{
public:
  string street, city;
  int suite;
}

class Contact
{
public:
  string name;
  Address address;
}
```

那么在使用赋值运算符进行拷贝时，绝对不会有问题：

```
// here is the prototype:
Contact worker{"", Address{"123 East Dr", "London", 0}};
// make a copy of prototype and customize it
Contact john = worker;
john.name = "John Doe";
john.address.suite = 10;
```

在实际应用中，这种按值存储和拷贝的方式极其少见。在许多场景中，通常将内部的 Address 对象作为指针或者引用，例如：

```
class Contact
{
public:
  string name;
  Address *address; // pointer (reference, shared_ptr, etc.)
  ~Contact() { delete address; }
}
```

现在有一个棘手的问题，因为代码 Contact jane = john 将会拷贝地址指针，所以 john 和 jane 以及其他每一个原型拷贝都会共享同一个地址，这绝对不是我们想要的。

4.3 通过拷贝构造函数进行拷贝

避免拷贝指针的最简单的方法是确保对象的所有组成部分（如上面的示例中的 Contact

和 Address）都完整定义了拷贝构造函数。例如，如果使用原始指针保存地址，即

```
class Contact
{
public:
  string name;
  Address* address;
}
```

那么，我们需要定义一个拷贝构造函数。在本示例中，实际上有两种方法可以做到这一点。迎头而来的方法看起来像下面这样：

```
Contact(const Contact& other)
  : name{other.name}
  //, address{ new Address{*other.address} }
{
  address = new Address(
    other.address->street,
    other.address->city,
    other.address->suite
  );
}
```

不幸的是，这种方法并不通用。这种方法在上面的示例中当然没问题（前提是 Address 提供了一个初始化其所有成员的构造函数），但是如果 Address 的 street 成员是由街道名称、门牌号和一些附加信息组成的，那该怎么办？那时，我们又会遇到同样的拷贝问题。

一种明智的方法是，为 Address 定义拷贝构造函数。在本示例中，Address 的拷贝构造函数相当简单：

```
Address(const string& street, const string& city,
  const int suite)
  : street{street}, city{city}, suite{suite} {}
```

现在，我们可以重写 Contact 的构造函数，在 Contact 的构造函数中可以重用拷贝构造函数，即

```
Contact(const Contact& other)
  : name{other.name}
  , address{ new Address{*other.address} } {}
```

请注意，ReSharper 代码生成器在生成拷贝构造函数和移动构造函数的同时，也会生成拷贝赋值函数。在本示例中，拷贝赋值函数定义为：

```
Contact& operator=(const Contact& other)
{
  if (this == &other)
```

```
    return *this;
  name = other.name;
  address = other.address;
  return *this;
}
```

完成这些函数定义后，我们可以像之前一样构造对象的原型，然后重用它：

```
Contact worker{"", new Address{"123 East Dr", "London", 0}};
Contact john{worker}; // or: Contact john = worker;
john.name = "John";
john.suite = 10;
```

这种方法很奏效。使用这种方法唯一不足而且难以解决的问题是，我们为此需要付出额外的工作，以实现拷贝构造函数、移动构造函数、拷贝赋值函数等。诚然，类似于 ReSharper 代码生成器一类的工具可以为大多数场景快速生成代码，但会产生很多警告。例如，如果我编写了如下的代码，并且忘记了提供 Address 类的拷贝赋值函数的实现（注意是 Address 类，而不是 Contact 类），会发生什么：

```
Contact john = worker;
```

是的，程序仍会通过编译。如果提供了拷贝构造函数会更好一些，因为如果在没有定义构造函数的情况下尝试调用构造函数，程序将会出错，然而赋值运算符 "=" 是普遍存在的，即使你没有为赋值运算符提供特殊的定义和实现。

还有一个问题：假设使用类似于二级指针的东西（例如 void**）或 unique_ptr 呢？即使它们各有独特之处，但此时像 ReSharper 和 CLion 这样的工具也不可能生成正确的代码，所以使用工具为这些类型快速生成代码也许并不是一个好主意。

4.4 "虚" 构造函数

拷贝构造函数使用之处相当有限，并且存在的一个问题是，为了对变量做深度拷贝，我们需要知道变量具体是哪种类型。假设 ExtendedAddress 类继承自 Address 类：

```
class ExtendedAddress : public Address
{
public:
  string country, postcode;

  ExtendedAddress(const string &street, const string &city,
    const int suite, const string &country,
    const string &postcode)
    : Address(street, city, suite)
    , country{country}, postcode{postcode} {}
};
```

若我们要拷贝一个存在多态性质的变量：

```
ExtendedAddress ea = ...;
Address& a = ea;
// how do you deep-copy `a`?
```

这样的做法存在问题，因为我们并不知道变量 a 的最终派生类型（the most derived type）[⊖]是什么。由于最终派生类引发的问题，以及拷贝构造函数不能是虚函数，因此我们需要采用其他方法来创建对象的拷贝。

首先，我们以 Address 对象为例，引入一个虚函数 clone()。然后，我们尝试：

```
virtual Address clone()
{
  return Address{street, city, suite};
}
```

不幸的是，这并不能解决继承场景下的问题。请记住，对于派生对象，我们想返回的是 ExtendedAddress 类型，但上述代码展示的接口将返回类型固定为 Address。我们需要的是指针形式的多态，因此再次尝试：

```
virtual Address* clone()
{
  return new Address{street, city, suite};
}
```

现在，我们可以在派生类中做同样的事情，只不过要提供对应的返回类型：

```
ExtendedAddress* clone() override {
  return new ExtendedAddress(street, city, suite,
                             country, postcode);
}
```

现在，我们可以安全放心地调用 clone() 函数，而不必担心对象由于继承体系被切割了：

```
ExtendedAddress ea{"123 West Dr", "London", 123, "UK", "SW101EG"};
Address& a = ea; // upcast
auto cloned = a.clone();
```

大功告成！现在，变量 cloned 的确是一个指向深度拷贝 ExtendedAddress 对象的指针了。当然，这个指针的类型是 Address*，所以，如果我们需要额外的成员，则可以通过 dynamic_cast 进行转换或者调用某些虚函数。例如，使用 cout << cloned 只会打印基类的数据，因为流输出运算符并不是虚函数。

如果出于某些原因，我们想要使用拷贝构造函数，则 clone() 接口可以简化为

⊖ the most derived class/type，译为最终派生类或最晚派生类，最终派生类是当前所在的类。——译者注

```cpp
ExtendedAddress* clone() override {
  return new ExtendedAddress(*this);
}
```

之后，所有的工作都可以在拷贝构造函数中完成。

使用 `clone()` 方法的不足之处是，编译器并不会检查整个继承体系每个类中实现的 `clone()` 方法（并且也没有强制进行检查的方法）。例如，如果忘记在 `ExtendedAddress` 类中实现 `clone()` 方法，示例代码同样可以通过编译并且正常运行，但当调用 `clone()` 方法时，`clone()` 将构造一个 `Address` 而不是 `ExtendedAddress`。

4.5 序列化

其他编程语言的设计者也遇到过同样的问题，即必须对整个对象显式定义拷贝操作，并很快意识到类需要"普通可序列化"——默认情况下，类应该可以直接写入字符串或流，而不必使用任何额外的注释（最多可能是一个或两个属性）来指定该类或其成员。

这与我们正在讨论的问题有关系吗？当然有，如果可以将某个东西序列化到文件或内存中，则可以再将其反序列化，并保留包括其所依赖的对象在内的所有信息。这难道不方便吗？

遗憾的是，与其他编程语言不同的是，当提到序列化时，C++ 不提供免费的午餐。例如，我们不能将复杂的对象图序列化为文件。为什么不能？在其他编程语言中，编译的二进制文件不仅包括可执行代码，还包括大量的元数据，而序列化是通过一种称为**反射**的特性来实现的，目前这在 C++ 中是不支持的。

如果我们想要序列化，那么就像显式拷贝操作一样，我们需要自己实现它。幸运的是，我们可以使用名为 Boost.Serialization 的现成的库来解决序列化的问题，而不用费劲地处理位和思考序列化 `std::string` 的方法。如下代码展示了如何为 `Address` 类添加序列化功能：

```cpp
class Address
{
public:
  string street;
  string city;
  int suite;
private:
  friend class boost::serialization::access;
  template<class Ar> void serialize(
    Ar& ar,
    const unsigned int version)
  {
    ar & street;
    ar & city;
    ar & suite;
  }
}
```

也许这看起来有点落后，但最终的结果是，通过对 **Address** 类的所有成员使用 **&** 运算符，我们可以将 **Address** 类写入存储对象的任何位置。请注意，这是一个用于保存和加载数据的成员函数。可以告诉 Boost 在保存和加载时执行不同的操作，但这与我们的原型设计需求并不是特别相关。

现在，我们要对 **Contact** 类做同样的操作：

```
class Contact
{
public:
  string name;
  Address* address = nullptr;
private:
  friend class boost::serialization::access;
  template<class Ar> void serialize(Ar& ar,
    const unsigned int version)
  {
    ar & name;
    ar & address; // note, no * here
  }
};
```

代码中 **serialize()** 函数的结构或多或少是相同的，但请注意一个有趣的细节：我们没有将 address 作为 **ar & *address** 来访问，而是将其序列化为 **ar & address**，即没有对指针解引用。Boost 足够智能，它清楚地知道发生了什么，并且即使将 address 设为 **nullptr**，它也能很好地序列化 / 反序列化。

因此，如果希望以这种方式实现原型模式，则需要对对象图中可能出现的每种类型提供 **serialize()** 方法的实现。一旦这样做了，就可以定义一种通过序列化 / 反序列化复制对象的方法：

```
template <typename T> T clone(T obj)
{
  // 1. Serialize the object
  ostringstream oss;
  boost::archive::text_oarchive oa(oss);
  oa << obj;
  string s = oss.str();

  // 2. Deserialize it
  istringstream iss(oss.str());
  boost::archive::text_iarchive ia(iss);
  T result;
  ia >> result;

  return result;
}
```

现在，我们可以轻松地基于一个命名为 **john** 的 **Contact** 对象拷贝并创建新的对象 **jane**：

```
Contact jane = clone(john);
jane.name = "Jane"; // and so on
```

然后随心所欲地定义 **jane** 的属性。如果我们愿意，也可以将 **clone()** 放入 **Serializable<T> Mixin** 类中，并由此派生出更多有复制需求的对象。不过，对于具有庞大类层次结构的类型而言，这种方法或许有些冗长乏味。

4.6　原型工厂

如果我们预定义了要拷贝的对象，那么我们会将它们保存在哪里？全局变量中吗？也许吧！事实上，假设我们公司有主办公室和备用办公室，我们可以这样声明全局变量：

```
Contact main{ "", new Address{ "123 East Dr", "London", 0 } };
Contact aux{ "", new Address{ "123B East Dr", "London", 0 } };
```

我们可以将这些预定义的对象放在 **Contact.h** 中，任何使用 **Contact** 类的人都可以获取这些全局变量并进行拷贝。但更明智的方法是使用某种专用的类来存储原型，并基于所谓的原型，根据需要产生自定义拷贝。这将给我们带来更多的灵活性。例如，我们可以定义工具函数，产生适当初始化的 **unique_ptr**：

```
class EmployeeFactory
{
  static Contact main;
  static Contact aux;

  static unique_ptr<Contact> NewEmployee(
    string name, int suite, Contact& proto)
  {
    auto result = make_unique<Contact>(proto);
    result->name = name;
    result->address->suite = suite;
    return result;
  }
public:
  static unique_ptr<Contact> NewMainOfficeEmployee(
    string name, int suite)
  {
    return NewEmployee(name, suite, main);
  }
  static unique_ptr<Contact> NewAuxOfficeEmployee(
    string name, int suite)
  {
```

```
        return NewEmployee(name, suite, aux);
    }
};
```

现在可以按如下方式使用：

```
auto john = EmployeeFactory::NewAuxOfficeEmployee("John Doe", 123);
auto jane = EmployeeFactory::NewMainOfficeEmployee("Jane Doe", 125);
```

为什么要使用工厂呢？考虑这样一种场景：我们从某个原型拷贝得到一个对象，但忘记自定义该对象的某些属性。此时，该对象的某些本该有具体数值的参数将为 0 或者为空字符串。如果使用之前讨论的工厂，我们可以将所有非完全初始化的构造函数声明为私有的，并且将 EmployeeFactory 声明为 friend class。现在客户将不再得到未完整构建的 Contact 对象了。

4.7 总结

原型模式体现了对对象进行深度拷贝的概念，因此，不必每次都进行完全初始化，而是可以获取一个预定义的对象，拷贝它，稍微修改它，然后独立于原始的对象使用它。

在 C++ 中，有两种实现原型模式的方法，它们都需要手动操作：

❑ 编写正确拷贝原始对象的代码，也就是执行深度拷贝的代码。这项工作可以在拷贝构造函数 / 拷贝赋值运算符或者在单独的成员函数中完成。

❑ 编写支持序列化 / 反序列化的代码，使用序列化 / 反序列化机制，在完成序列化后立即进行反序列化，由此完成复制。该方法会引入额外的开销，是否使用这种方法取决于具体使用场景下的拷贝频率。与使用拷贝构造函数相比，这种方法的唯一优点是可以不受限制地使用序列化功能。

不论选择哪种方法，有些工作都是必须完成的。如果决定采取上述两种方法中的一种，则可采用一些代码生成工具（比如，类似于 ReSharper 和 CLion 的集成开发环境）来辅助。

最后，别忘了，如果对所有数据采用按值存储的方式，实际上并不会有问题，只需要 operator= 就够了。

单例模式

当讨论放弃哪种模式时,我们发现我们仍然喜欢它们。(并非如此——我赞成放弃单例模式。它的使用场景几乎总是充满一种刻意设计的味道。)

——Erich Gamma

在设计模式的有限历史中,单例(Singleton)模式是最令人讨厌的设计模式。不过,这也并不意味着我们不应该使用单例模式:马桶刷也不是让人喜欢的设备,但它是生活中必需的。

单例模式的理念非常简单,即应用程序中只能有一个特定组件的实例。例如,将数据库加载到内存中并提供只读接口的组件是单例模式的主要应用场景之一,因为浪费内存存储多个相同的数据集是没有意义的。事实上,应用程序可能会有一些限制,使得两个及两个以上的数据库实例无法装入内存,或者会引起内存不足,从而导致程序出现故障。

5.1 作为全局对象的单例模式

解决这个问题的一个比较朴素的办法是,确保对数据库对象的实例化不超过一次:

```
struct Database
{
  /**
   * \brief Please do not create more than one instance.
   */
  Database() {}
};
```

这种方法的问题在于,对象可以以隐蔽的方式创建,即构建对象时不会明显地、直接地调用构造函数。这可以是任何方式——拷贝构造函数 / 拷贝赋值函数、`make_unique()` 调用或使用 IoC 容器。

我能够想象到的一个最显而易见的办法是，提供一个静态全局对象：

```
static Database database{};
```

静态全局对象存在的问题是，在不同的编译单元中，静态全局对象的初始化顺序是未定义的。这可能会造成不愉快的影响，例如某个地方引用到的全局变量甚至还没被初始化。静态全局对象的可发现性同样是个问题：客户如何知道某个全局变量是存在的？发现类会比发现全局对象更加简单，因为 Go to Type 会搜索出比在全局作用域运算符 :: 后的自动补全方式更精简的可选集。

缓解这种情况的一种方法是提供一个全局函数（或者说成员函数），让该函数对外暴露必要的对象：

```
Database& get_database()
{
  static Database database;
  return database;
}
```

调用这个函数可获得 `database` 对象的引用。但是应注意，只有在 C++11 之后，这段代码才是线程安全的，所以需要检查编译器是否需要插入锁机制，以防止静态对象在初始化过程中被多个线程并发访问。

当然，这个场景很容易出错：如果在 `Database` 的析构函数中使用了某个其他单例对象，程序很可能会崩溃。这就引入了一个哲学问题：单例模式可以引用其他单例模式吗？

5.2　单例模式的经典实现

之前的实现方式中，被完全忽略的一个方面是防止创建额外的对象。全局静态的 `Database` 并不能真正阻止在其他地方创建另一个实例。

对于那些喜欢创建一个对象的多个实例的人来说，我们可以很容易地让他崩溃——只需在构造函数中放置一个静态计数器，然后在值增加时抛出异常：

```
struct Database
{
  Database()
  {
    static int instance_count {0};
    if (++instance_count > 1)
      throw exception("Cannot make >1 database!");
  }
};
```

这是一种十分不友好的方式：尽管它通过抛出异常阻止了创建多个实例，但它无法传达我们不希望构造函数被多次调用的事实。即使用大量的文档来说明它，也仍然会有一些倒霉的家伙试图在某些不确定的环境（甚至可能是在生产环境下！）中多次调用它。

防止 Database 被显示构建的唯一方式仍旧是将其构造函数声明为私有的，然后将之前提到的函数作为成员函数，并返回 Database 对象的唯一实例：

```
struct Database
{
protected:
  Database() { /* do what you need to do */ }s
public:
  static Database& get()
  {
    // thread-safe since C++11
    static Database database;
    return database;
  }
  Database(Database const&) = delete;
  Database(Database&&) = delete;
  Database& operator=(Database const&) = delete;
  Database& operator=(Database &&) = delete;
};
```

请注意我们是如何通过隐藏构造函数和删除拷贝构造函数 / 移动构造函数 / 拷贝赋值函数来完全消除创建数据库实例的可能性的。在 C++11 之前，只需将拷贝构造函数 / 拷贝赋值函数设置为私有的即可达到同样的目的。作为一种可选的方法，我们可能希望使用 boost::noncopyable，它是一个可以继承的类，它在隐藏成员方面添加了类似的定义……但它并不影响移动构造函数和拷贝赋值函数[⊖]。

再次重申，如果 database 依赖其他静态变量或全局变量，那么在其析构函数中使用它们是不安全的，因为这些对象的销毁顺序是不确定的，正在被调用的对象实际上可能已经被销毁了。

最后，介绍一个特别讨厌的技巧，即我们可以将 get() 实现为堆分配（这样只有指针而非整个对象是静态的）。

```
static Database& get() {
  static Database* database = new Database();
  return *database;
}
```

这个实现依赖 "Database 一直存在直到程序结束" 的假设。使用指针而不是引用可

⊖ 即继承自 boost::noncopyable 的类仍旧可以通过移动构造函数或移动赋值的方式创建多于一个的对象实例。——译者注

以确保析构函数永远不会被调用，即使定义了析构函数（如果这样做，它必须声明为公共的）。这段代码不会导致内存泄漏。

线程安全

正如前面提到的，从 C++11 开始，采用我们之前展示的代码完成单例模式的初始化是线程安全的，这意味着如果两个线程同时调用 get()，我们也永远不会遇到创建两次数据库的情况。

在 C++11 之前，需要使用一种称为**双重校验锁**的方式来实现单例模式，典型的实现如下：

```cpp
struct Database
{
  // same members as before, but then...
  static Database& instance();
private:
  static boost::atomic<Database*> instance;
  static boost::mutex mtx;
};

Database& Database::instance()
{
  Database* db = instance.load(boost::memory_order_consume);
  if (!db)
  {
    boost::mutex::scoped_lock lock(mtx);
    db = instance.load(boost::memory_order_consume);
    if (!db)
    {
      db = new Database();
      instance.store(db, boost::memory_order_release);
    }
  }
}
```

因为本书是关于现代 C++ 的，因此这里不会深入讨论这个方法。

5.3 单例模式存在的问题

假设数据库存储着一个链表，链表中包括各国首都及其人口信息：

```
Tokyo
33200000
New York
17800000
... etc
```

数据库单例模式将要设计的接口为：

```
class Database
{
public:
  virtual int get_population(const string& name) = 0;
};
```

我们设计了一个给定首都城市名称，返回该城市人口的成员函数。现在，假设该接口被一个名为 SingletonDatabase 的由 Database 派生的具体的类采用，SingletonDatabase 以同样的方式实现单例模式：

```
class SingletonDatabase : public Database
{
  SingletonDatabase() { /* read data from database */ }
  map<string, int> capitals;
public:
  SingletonDatabase(SingletonDatabase const&) = delete;
  void operator=(SingletonDatabase const&) = delete;

  static SingletonDatabase& get()
  {
    static SingletonDatabase db;
    return db;
  }

  int get_population(const string& name) override
  {
    return capitals[name];
  }
};
```

SingletonDatabase 的构造函数从文本文件中读取各个首都的名称和人口，并保存到一个 map 中。get_population() 方法用于返回指定城市的人口数量。

如前所述，在本例中，单例模式真正存在的问题是它们能否在别的组件中使用。在前面的基础上，我们构建一个组件来计算几个不同城市的总人口：

```
struct SingletonRecordFinder
{
  int total_population(vector<string> names)
  {
    int result = 0;
    for (auto& name : names)
      result += SingletonDatabase::get().get_population(name);
    return result;
  }
};
```

问题是，`SingletonRecordFinder` 现在完全依赖 `SingletonDatabase`。这给测试带来了问题：如果想检查 `SingletonRecordFinder` 是否正常工作，我们需要使用实际数据库中的数据，即：

```
TEST(RecordFinderTests, SingletonTotalPopulationTest)
{
  SingletonRecordFinder rf;
  vector<string> names{ "Seoul", "Mexico City" };
  int tp = rf.total_population(names);
  EXPECT_EQ(17500000 + 17400000, tp);
}
```

这是个很糟糕的单元测试。它尝试读取一个活动数据库（这通常是我们不想频繁操作的），同时它也非常脆弱，因为它依赖数据库中的具体值。如果首尔的人口发生变化，情况会怎样？测试将会结束！当然，许多人在与实时数据库隔离的持续集成系统上运行测试，这使得这种方法更加可疑。

从测试的角度来看，这个单元测试同样存在问题。记住，我们需要的单元测试中要测试的单元是 `SingletonRecordFinder`。然而，我们编写的测试不是单元测试，而是集成测试，因为 `RecordFinder` 使用 `SingletonDatabase`，所以实际上我们在同时测试两个系统。如果集成测试是我们想要的，那么这不会有问题，但是我们更愿意单独测试 `SingletonRecordFinder`。

因此，我们知道其实我们并不希望在测试中使用实际的数据库。那我们可以用一些在测试中可控的虚拟组件来替换数据库吗？在目前的设计中，这是不可能的，正是这种灵活性欠缺导致了单例模式的衰落。

那么，我们能够做什么呢？首先，我们不能再显式地依赖 `SingletonDatabase`。由于我们需要实现数据库接口，因此可以创建一个新的 `ConfigurableRecordFinder` 以配置数据的来源：

```
struct ConfigurableRecordFinder
{
  explicit ConfigurableRecordFinder(Database& db)
    : db{db} {}

  int total_population(vector<string> names)
  {
    int result = 0;
    for (auto& name : names)
      result += db.get_population(name);
    return result;
  }

  Database& db;
};
```

现在，我们不再显式地使用 **SingletonDatabase**，而是使用 **db** 引用。于是，我们创建一个专门用于测试记录查找器的虚拟数据库：

```
class DummyDatabase : public Database
{
  map<string, int> capitals;
public:
  DummyDatabase()
  {
    capitals["alpha"] = 1;
    capitals["beta"] = 2;
    capitals["gamma"] = 3;
  }
  int get_population(const string& name) override {
    return capitals[name];
  }
};
```

借助 **DummyDatabase**，我们可以重新编写单元测试：

```
TEST(RecordFinderTests, DummyTotalPopulationTest)
{
  DummyDatabase db{};
  ConfigurableRecordFinder rf{ db };
  EXPECT_EQ(4, rf.total_population(
    vector<string>{"alpha", "gamma"}));
}
```

这个单元测试更加鲁棒，因为即使实际数据库中的数据发生变化，我们也不必调整单元测试的值——因为虚拟数据保持不变。此外，它还提供了更多有趣的可能性。我们现在可以对空数据库运行测试，还可以对大小超过可用 RAM 的数据库运行测试。

5.3.1　每线程单例

我们已经提到过与单例模式初始化构建过程相关的线程安全性，但是单例自身操作的线程安全性如何呢？可能的情况是，应用程序中的所有线程之间不需要共享一个单例，而是每个线程都需要一个单例。

每线程单例的构建过程与之前的单例模式一样，只是我们现在要为静态函数中的变量加上 **thread_local** 声明：

```
class PerThreadSingleton
{
  PerThreadSingleton()
  {
    id = this_thread::get_id();
```

```
  }
public:
  thread::id id;
  static PerThreadSingleton& get()
  {
    thread_local PerThreadSingleton instance;
    return instance;
  }
};
```

上面的代码保留了线程 id 以便于打印演示。这个成员并不是必需的，如果不想要，那么不必保留它。现在，为了验证每个线程确实有一个实例，我们可以运行如下代码：

```
thread t1([]()
{
  cout << "t1: " << PerThreadSingleton::get().id << "\n";
});

thread t2([]()
{
  cout << "t2: " << PerThreadSingleton::get().id << "\n";
  cout << "t2 again: " << PerThreadSingleton::get().id << "\n";
});
t1.join();
t2.join();
```

上述代码的输出如下：

```
txt
t2: 22712
t1: 22708
t2 again: 22712
```

线程局部单例解决了特殊的问题。例如，假设有一个类似于下面的依赖关系图：

```
   needs       needs
A ------> B ------> C

   needs
A ------> C
```

假设创建了 20 个线程，每个线程都创建了一个 A 的实例。组件 A 依赖 C 两次（直接依赖以及间接通过 B 依赖）。现在，如果 C 是有状态的，并且在每个线程中都发生了变化，那么单例对象 C 不可能是全局的，但是我们可以做的是创建每线程的单例 C 对象。这样，单个线程中的 A 将使用同一个 C 实例，既可以自己使用，也可以通过 B 间接使用。

当然，另一个好处是在线程局部单例中，我们不必担心线程安全问题，因此可以使用 `map` 而不必使用 `concurrent_hash_map`。

5.3.2　环境上下文

假如我们正在计划修建一所房子。目前需要在房屋地基上砌几堵墙，尽管这些墙位于房屋的不同位置，不过它们相对于房屋地面的高度是大致相同的。

我们可以在多个方法调用中输入相同的高度值，但我们其实并不想这样做。我们其实也不想声明一个变量来记录墙的高度并用它传递高度值。我们更希望对墙的高度进行某种全局的设置，其要求如下：

（1）墙的高度可设置，设置后，这个高度值将作为默认值。

（2）不过有时候也可以修改墙的高度以建造一些不同高度的墙，然后再将墙的高度值恢复为默认值。

（3）可以通过 API 设定墙的具体高度值。

在这个案例中，墙的高度其实是**环境上下文**的一部分：在具体的某个时间点，墙的高度值在一系列具体的操作下有不同的状态和作用。

我们可以将环境上下文作为一个输入的参数传递给一系列 API，不过这会涉及很多参数，甚至可能涉及许多代理工厂！避免这种情况的唯一的解决办法是，创建一个静态的、整个应用程序都可访问的对象。

现在，我们定义环境上下文类：

```
class BuildingContext final
{
  int height{0};
  BuildingContext() = default;
```

可以看到，我们定义的环境上下文类：

- 添加了 `final` 关键字：通常，支持对环境上下文类的继承意义不大。
- 构造函数被声明为私有的，所以它不能被直接初始化。
- 定义了一个属性 `height`，代表墙的高度。这个属性是只读的，提供了 `get_height()` 方法来获取 `height`，但不可以从类的外部修改。

紧接着，我们可以看到一些有趣的成员：

```
static stack<BuildingContext> stack;
// later initialized with
stack<BuildingContext> BuildingContext::stack(
  {BuildingContext{}});
```

环境上下文类静态地将几个实例存储在栈中。为什么呢？我们看一下之前的第 2 条要求。有时，我们需要建造一些显著不同于当前高度的墙（比如，修建一座烟囱）。如何做呢？创建一个新的上下文对象，然后将旧的上下文对象压入栈中。当完成当前要求后，再从栈中弹出原来的环境上下文对象，以恢复默认的墙的高度值。

接下来看看我们是如何做的：

```
class Token
{
public:
  ~Token()
  {
    if (stack.size() > 1) stack.pop();
  }
};
static Token with_height(int height)
{
  auto copy = current();
  copy.height = height;
  stack.push(copy);
  return Token{};
}
```

with_height() 方法是一个辅助函数，它创建一个当前的环境上下文的副本并修改高度值，然后将修改后的环境上下文对象压入栈中。该方法返回的仅仅是一个用于析构的备忘录对象（**Token**）。这个方法提供了一个局部作用域，并在其中保存上下文对象（遗憾的是，我们不能忽略变量的声明），而在 **Token** 的析构函数中将环境上下文对象从栈中弹出⊖。

现在，考虑到我们已经在栈中存储了一系列环境上下文对象，当前的环境上下文对象始终位于栈顶。请注意，我们之前定义的 **BuildingContext** 的静态构造函数保证了栈中至少存储着一个状态。

```
static BuildingContext current()
{
  return stack.top();
}
```

这里会省略使示例成功运行的大部分代码（细节请参考源代码），但会展示如何处理第 3 条要求——在需要的时候覆写环境上下文的值。我们定义了一个带有可选参数（墙高度）的类 **Wall**：

```
Wall::Wall(const Point2D &start, const Point2D &anEnd,
           optional<int> height = nullopt)
  : start{start}, end{anEnd}
{
  this->height = height.value_or(
    BuildingContext::current().get_height());
}
```

⊖ 当 Token 对象析构时，保存了临时设定的 height 值的上下文对象也将从栈中弹出，从而恢复了原来的上下文，也就是恢复为原始设定的高度值。——译者注

现在，我们既可以为 height 提供自定义的值（请注意，定义的 height 不能为空），也可以将 Wall 的 height 设置为从环境上下文中获取高度值。

环境上下文类的使用方式如下所示：

```
Building house;

// set default height to 3000
auto _ = BuildingContext::with_height(3000);

house.walls.emplace_back(Wall{{0,0}, {5000,0}});
house.walls.emplace_back(Wall{{0,0}, {0,4000}});

{ // temporarily set wall height to 3500
  auto _ = BuildingContext::with_height(3500);
  // now all added walls will use this height by default
  house.walls.emplace_back(Wall{{5000,0}, {7000,0}});
} // height reverts back to 3000 at end of scope

// uses wall height 3000 again
house.walls.emplace_back(Wall{{0,4000}, {3000,4000}});

// overrides to use wall height of 4000
house.walls.emplace_back(Wall{{0,4000}, {3000,4000}, 4000});
```

在上面的代码中，我们不得不声明一个 auto_ 变量，如果没有声明这个变量，with_height() 方法返回的 token 将立即析构，我们保存在栈中的状态也随之从栈中弹出。也许将 with_height() 方法声明为 [nodiscard] 是一个不错的主意。

解决上面示例中由于作用域引起的问题的另一个方法是，在 with_height() 方法传入一个函数：

```
static void with_height(int height, function<void()> action)
{
  auto copy = current();
  copy.height = height;
  stack.push(copy);
  action();
  stack.pop();
}
```

采用这种方法后，我们可以像下面这样使用上下文类：

```
BuildingContext::with_height(4000, [&]()
{
  house.walls.emplace_back(Wall{{0,0}, {5000,5000}});
});
```

这样，在 lambda 表达式的作用域内，墙的高度值将被设置为 4000，在 with_height() 函数调用结束后，又会恢复为原来的值。这种方法完全不必使用 Token 类。但这种方法并不是线程安全的，在并发情况下，需要使用锁机制（比如互斥锁）来限定该方法，否则，有可能两个调用者会同时将同一个值压入栈中，导致两个调用者在使用同一个值。

5.3.3　单例模式与控制反转

显式地将某个组件变为单例的方式具有明显的侵入性，而如果决定在某一时刻不再将某个类作为单例，最终又会付出高昂的代价。另一种解决方案是采用一种约定，在这种约定中，负责组件的函数并不直接控制组件的生命周期，而是外包给控制反转（Inversion of Control，IoC）容器。

当使用 Boost.DI 的依赖注入框架时，定义单例组件的代码如下：

```
auto injector = di::make_injector(
 di::bind<IFoo>.to<Foo>.in(di::singleton),
 // other configuration steps here
);
```

在上面的代码中，我们使用字母 "I" 来表示接口类型。本质上，`di::bind` 这一行代码的意思是，每当需要具有 `IFoo` 类型成员的组件时，我们使用 `Foo` 的单例实例来初始化该组件。

许多开发人员认为，在 DI 容器中使用单例是唯一可以接受的使用单例的方式。至少，如果需要用其他东西替换单例，使用这种方法就可以在一个中心位置（配置容器的代码处）执行这个操作。另外一个好处是，我们不必自己实现任何单例的逻辑，这可以防止出现潜在的错误。此外，是否提到过 Boost.DI 是线程安全的？

5.3.4　单态模式

单态模式（Monostate）是单例模式的一种变体。单态模式行为上类似于单例模式，但看起来像一个普通的类。

```
class Printer
{
  static int id;
public:
  int get_id() const { return id; }
  void set_id(int value) { id = value; }
};
```

能看出这里发生了什么吗？这个类看起来只是一个普通的带有 getter 和 setter 方法的类，不过它们操作的都是静态（`static`）数据！

这似乎是一个非常巧妙的技巧：允许用户实例化 `Printer`，但它们都引用相同的数据。但是，用户怎么知道这一点呢？使用时，用户只是很自然地实例化两个 `Printer` 对象，并为它们分配不同的 `id`，当发现两个 `Printer` 对象的 `id` 相同时，用户一定会感到非常惊讶！

从某种程度上说，单态模式是有效的，而且单态模式有一些优点。例如，单态模式允许继承和多态，开发者可以更容易地定义和控制其生命周期（当然，你可能并不希望总是如此）。单态模式最大的优势是，它允许我们使用并修改在当前系统中已经使用的对象，使其以单态模式的方式在系统中运行；如果系统能够很好地处理单态模式的多个对象实例，那么我们无须编写额外的代码就得到了一个类似于单例模式的实现⊖。

单态模式的缺点也同样明显：它是一种侵入性方法（将普通对象转换为单态状态并不容易），并且静态成员的使用意味着它总是会占据内存空间，即使我们不需要单态模式。单态模式最大的缺点在于它做了过于乐观的假设，即外界总是会通过 getter 和 setter 方法来访问单态类的成员。如果直接访问它们，重构实现几乎注定要失败⊖。

5.4　总结

单例模式并不完全令人厌恶，但是，如果不小心使用，它们会破坏应用程序的可测试性和可重构性。如果必须使用单例模式，请尝试避免直接使用它（如编写 `SomeComponent.get().foo()`），将其指定为依赖项（例如，作为构造函数的参数），并保证所有依赖项都是从应用程序的某个唯一的位置（例如，控制反转容器）获取或初始化的。

⊖　由于单态模式并不限制对象实例化的次数，因此用户很可能在多个地方实例化单态对象。如果开发人员编写的代码可以很好地处理这种情况，并且对用户友好，那么这也可以看作一种单例模式的实现。——译者注

⊖　公平地说，其实鱼与熊掌也可兼得，但需要使用标准的 `__declspec(property)` 扩展来实现。

结构型设计模式

顾名思义，结构型设计模式主要关注如何设置应用程序的结构，以使代码满足 SOLID 设计原则，提高代码的通用性和可重构性。

当谈到对象的结构时，我们可以使用下面几种常用的方式：

- **继承**：对象可以直接获得基类的非私有成员和方法。为了实例化对象，派生类必须提供每个继承而来的虚函数的实现，否则该派生类是抽象的，不能被实例化（但可以继承该派生类）。

- **组合**：组合是一种部分与整体的关系，部分不可以离开整体而单独存在。例如，如果某个对象有一个类型为 `owner<T>` 的成员，当该对象被销毁时，其成员也随之被销毁。

❑ **聚合**：聚合是一种部分与整体的关系，部分和整体可以单独存在。例如，一个对象可以含有类型为 T* 或 shared_ptr<T> 的成员。

现在，我们把组合和聚合看作同一种类型的方法。例如，Person 类含有一个类型为 Address 的成员，我们既可以将 Address 作为外部定义的类，也可以将其定义为 Person 的内部类。换言之，假设将 Person 中的 Address 类对象声明为公共成员，在上述两种方式下，我们可以分别使用 Address 和 Person::Address 的方式将其实例化。

我要说明的是，我们真正想表达"聚合"的意思但却使用"组合"这个词的现象很普遍，以至于我们可以互换地使用它们。例如，当我们谈论 IoC 容器时，我们使用的是"组合"。但是，IoC 容器不是单独控制每个对象的生命周期吗？的确如此，虽然这里使用"组合"这个词，其实是指"聚合"。

第 6 章 *Chapter 6*

适配器模式

过去我经常旅行，旅行适配器让我可以将欧洲插头插入英国或美国的插座，这与适配器（Adapter）模式非常相似：我们想根据已有的接口得到另一个不同的接口，在接口上构建一个适配器就可以达到此目的。

6.1 预想方案

考虑一个简单的例子：假设我们正在使用一个专用于绘制像素的库。另外，我们要处理一些几何对象——直线、矩形等。现在，我们要继续使用这些几何对象并渲染它们，因此需要将几何对象与基于像素表示的对象进行适配处理。

首先，我们定义两个简单对象：Point 类表示笛卡儿空间中的二维坐标（对应于屏幕中的网格），Line 类表示由起止坐标定义的线段。

```
struct Point
{
  int x, y;
};
struct Line
{
  Point start, end;
};
```

现在从理论角度来说明向量几何。典型的向量对象可能由一组线段对象定义。我们定义一对纯虚迭代器接口，而不是继承 vector<Line>：

```
struct VectorObject
{
  virtual vector<Line>::iterator begin() = 0;
  virtual vector<Line>::iterator end() = 0;
};
```

现在，假如要定义 Rectangle，只需要将描述矩形的 4 条边的线段存入 vector<Line>
类型的成员中即可：

```
struct VectorRectangle : VectorObject
{
  VectorRectangle(int x, int y, int width, int height)
  {
    lines.emplace_back(Line{ Point{x, y}, Point{x + width, y} });
    lines.emplace_back(Line{ Point{x + width, y}, Point{x +
    width, y + height} });
    lines.emplace_back(Line{ Point{x, y}, Point{x, y + height} });
    lines.emplace_back(Line{ Point{x,y + height}, Point{x +
    width, y + height} });
  }

  vector<Line>::iterator begin() override {
    return lines.begin();
  }
  vector<Line>::iterator end() override {
    return lines.end();
  }
private:
  vector<Line> lines;
};
```

现在，假设我们想在屏幕上画线段，甚至是画矩形！不幸的是，目前我们还做不到，
因为用于绘制的唯一接口实际上是：

```
void DrawPoints(CPaintDC& dc, vector<Point>::iterator start,
  vector<Point>::iterator end)
{
  for (auto i = start; i != end; ++i)
    dc.SetPixel(i->x, i->y, 0);
}
```

上面的代码中，我们使用的是 MFC（Microsoft Foundation Class）中的 CPaintDC 类，
其中 SetPixel() 方法用于在指定坐标位置设定指定的像素值（在上面的示例中，0 代表
黑色）。

简而言之，这个示例中遇到的问题是，我们需要提供像素坐标以渲染图像，但是我们
只有一些向量对象。

6.2　适配器

假如我们要绘制一系列矩形：

```
vector<shared_ptr<VectorObject>> vectorObjects{
  make_shared<VectorRectangle>(10,10,100,100),
  make_shared<VectorRectangle>(30,30,60,60)
}
```

为了绘制这些对象，我们需要将每个矩形从一组线段转换为数量庞大的像素点。为此，我们定义了一个单独的适配器类，用于存储这些像素点，并且定义一组迭代器来访问这些点。

```
struct LineToPointAdapter
{
  typedef vector<Point> Points;

  LineToPointAdapter(Line& line)
  {
    // TODO
  }

  virtual Points::iterator begin() { return points.begin(); }
  virtual Points::iterator end() { return points.end(); }
private:
  Points points;
};
```

将 Line 对象转换为像素点集的过程由构造函数完成，所以 **LineToPointAdapter** 是饿汉式的适配器⊖。在适配器对象构建过程中，转换工作随之完成。实际的转换代码相当简单：

```
LineToPointAdapter(Line& line)
{
  int left = min(line.start.x, line.end.x);
  int right = max(line.start.x, line.end.x);
  int top = min(line.start.y, line.end.y);
  int bottom = max(line.start.y, line.end.y);
  int dx = right - left;
  int dy = line.end.y - line.start.y;

  // we only support vertical or horizontal lines
  if (dx == 0)
  { // vertical
    for (int y = top; y <= bottom; ++y)
```

⊖　可以将适配器定义为惰性的吗？当然可以，只需在适配器本地保存 Line 对象即可（只是保存 Line 对象的引用，以免影响程序运行的速度）。然后，当 begin() 接口被调用时，如果检查到初始化工作尚未完成，则进行 Line 对象到像素点集的转换工作。但是，如果适配器类中有多个成员，那么每个成员中都要重复地进行这种初始化检查工作。

```
    {
      points.emplace_back(Point{ left,y });
    }
  }
  else if (dy == 0)
  { // horizontal
    for (int x = left; x <= right; ++x)
    {
      points.emplace_back(Point{ x, top });
    }
  }
}
```

这部分代码很简单：我们只处理垂直或水平的线段，忽略其他类型的线段。不论是垂直线段还是水平线段，我们都构造一个由连续相邻的点组成的集合来代表用像素点表示的线段。我们避免了对角线线段以及与平滑表示这些线段相关的问题（例如，反走样）。

现在，以之前定义的矩形为例，我们传入两个矩形对象，使用这个适配器来渲染几何对象：

```
for (const auto& obj : vectorObjects)
{
  for (const auto& line : *obj)
  {
    LineToPointAdapter lpo{ line };
    DrawPoints(dc, lpo.begin(), lpo.end());
  }
}
```

上述代码实现了如下工作：

❑ 传入一个包含 shared_ptr<GraphicObject> 对象的 vector 容器，然后遍历容器中的每一个对象。

❑ 直接在解引用的对象（即 *obj）上迭代，调用对象的 begin()/end() 成员函数。

❑ 为迭代访问到的每一个线段对象构造一个单独的 LineToPointAdapter。

❑ 最后，调用 DrawPoints() 函数，该函数将迭代访问由适配器生成的像素点集。

6.3 临时适配器对象

上述代码中存在一个主要问题：每次刷新屏幕时，函数 DrawPoints() 都会被调用，这意味着适配器对象会不断地为同样的线段对象生成相同的像素点数据，甚至是无数次！怎样改善这个问题呢？

一种办法是在程序的开始处定义一个像素点容器，例如：

```
vector<Point> points;
for (auto& o : vectorObjects)
{
```

```
for (auto& l : *o)
{
  LineToPointAdapter lpo{ l };
  for (auto& p : lpo)
    points.push_back(p);
}
}
```

然后，将 **DrawPoints()** 接口的实现简化为：

```
DrawPoints(dc, points.begin(), points.end());
```

但是，假如在某个时候，原始的几何对象 **vectorObjects** 发生了变化。我们并不知道它们发生了怎样的变化，但我们的确想缓存未改动的数据，而仅仅只为变化了的对象重新生成像素点数据。

首先，为了避免重新生成数据，我们需要独特的识别线段的方法，这意味着我们需要独特的识别点的方法。此时，ReSharper 的 Generate | Hash 函数可以派上用场：

```
struct Point
{
  int x, y;

  friend size_t hash_value(const Point& obj)
  {
    size_t seed = 0x725C686F;
    boost::hash_combine(seed, obj.x);
    boost::hash_combine(seed, obj.y);
    return seed;
  }
};
struct Line
{
  Point start, end;

  friend size_t hash_value(const Line& obj)
  {
    size_t seed = 0x719E6B16;
    boost::hash_combine(seed, obj.start);
    boost::hash_combine(seed, obj.end);
    return seed;
  }
};
```

这里选择了 Boost 的 **hash** 实现。现在，我们可以构建一个新的 LineToPointCaching-Adapter，它可以缓存 **Point** 对象并在必要的时候重新生成它们。除了以下细微差别外，实现几乎相同。

首先，`LineToPointCachingAdapter` 有一个缓存 `cache`，它是一种从哈希值到点集的映射，可存储哈希值和对应的点集合：

```
static map<size_t, Points> cache;
```

类型 `size_t` 正好是 Boost 的 `hash` 函数返回的类型。现在，当迭代访问生成的像素点集时，我们将以如下的方式返回被访问的对象：

```
virtual Points::iterator begin() { return cache[line_hash].
begin(); }
virtual Points::iterator end() { return cache[line_hash].end(); }
```

这个算法有趣的地方在于：在生成像素点集之前，先检查这些像素点是否已经生成。如果已经生成，那么函数直接退出；如果没有生成，则算法生成像素点集，并将其保存到缓存 `cache` 中：

```
LineToPointCachingAdapter(Line& line)
{
  static boost::hash<Line> hash;
  line_hash = hash(line); // note: line_hash is a field!
  if (cache.find(line_hash) != cache.end())
    return; // we already have it

  Points points;

  // same code as before

  cache[line_hash] = points;
}
```

有了 `hash` 函数和缓存 `cache` 的帮助，我们可以显著减少转换次数。现在唯一的问题是，当不再需要某些像素点时，如何将它们移除。这个问题作为练习留给读者朋友们。

6.4　双向转换器

开发带有用户界面（User Interface，UI）的应用程序时，常常碰到的一个问题是如何将UI 的输入映射为适当的变量。例如，根据程序的设计，要求输入数字的文本框会将其内部的状态保存为字符串，而我们想要将输入的值记录为数字，然后验证该输入是否为有效的数字。

通常，我们需要的是**双向绑定**：UI 的输入会修改底层变量（例如，类的某个成员），但同时，如果底层的变量被修改，那么 UI 也将相应地更新。

我们定义一个独立的双向转换器，并将其作为基类，例如：

```
template <typename TFrom, typename TTo> class Converter
{
public:
```

```
  virtual TTo Convert(const TFrom& from) = 0;
  virtual TFrom ConvertBack(const TTo& to) = 0;
};
```

这样，我们就可以在两种类型之间显式地定义具体的转换器，比如整数和字符串的转换器：

```
class IntToStringConverter : Converter<int, string>
{
public:
  string Convert(const int &from) override
  {
    return to_string(from);
  }

  int ConvertBack(const string &to) override
  {
    int result;
    try {
      result = stoi(to);
    }
    catch (...)
    {
      return numeric_limits<int>::min();
    }
  }
};
```

接下来就可以使用它了：

```
IntToStringConverter converter;
cout << converter.Convert(123) << "\n"; // 123
cout << converter.ConvertBack("456") << "\n"; // 456
cout << converter.ConvertBack("xyz") << "\n"; // -2147483648
```

最后一个例子很有趣，其打印的结果表明，如果转换器不能将输入的字符串解析为整数，那么就返回 int 所能表示的最小值作为转换结果。在实际开发中，这并不是最好的方式，实际上，大多数场景都会提前对输入参数进行检查验证，并对无效的输入报告错误信息。

在实际开发中，我们需要同时处理许多问题：不仅要用适配器来转换参数，还要进行验证，并在相关参数发生变化时自动完成转换（通过观察者模式）。

6.5　总结

"适配器"是一个非常简单的概念：它允许我们将已有的接口调整（适配）为我们需要的另一个接口。适配器模式存在的真正问题是，在适配过程中，有时会生成临时数据以满足其他接口的要求。当发生这种情况时，我们可以采用缓存策略，确保只在必要时生成新的数据。当缓存的数据发生变化时，需要清理缓存中过时的数据。

我们尚未提及的一个主题是懒汉式适配器，我们之前实现的适配器总是在适配器创建时就完成适配转换。如果只希望在使用适配器时才完成适配转换的工作，又该如何呢？这个问题很简单，我把它作为练习留给读者朋友们。

第 7 章 *Chapter 7*

桥 接 模 式

如果你一直关注 C++ 编译器（特别是 GCC、Clang 和 MSVC）的最新进展，那么可能已经注意到编译速度提高了。特别是，编译器的体量越来越大，因此，编译器实际上只会重新编译改动的代码，并复用已编译好的未改动的部分，而不是重建整个编译单元。

之所以提起 C++ 编译器，是因为过去开发者们一直在使用一个奇怪的技巧来加快编译速度。

7.1　Pimpl 模式

首先，我们从技术角度来解释下 Pimpl 模式是什么。假如我们要定义一个 `Person` 类，其中保存了人物的名字，并且提供了打印问候语的方法。除了像平时那样定义 `Person` 的成员，我们还可以像下面这样定义类：

```
struct Person
{
  string name;
  void greet();

  Person();
  ~Person();
  class PersonImpl;
  PersonImpl *impl; // good place for gsl::owner<T>
};
```

嗯……这很奇怪。看起来很简单的类竟然搞出如此多的工作！我们仔细看看：`Person` 中定义了 `name` 成员和 `greet()` 方法，但为什么要定义构造函数和析构函数呢？`PersonImpl`

类又是干什么的？

　　我们看到的这个 Person 类将其具体实现隐藏在另一个类中，即 PersonImpl。需要格外注意的是，PersonImpl 类不是在头文件中定义的，而是驻留在 .cpp 文件（Person.cpp，因此 Person 和 PersonImpl 放在一起）。它的定义非常简单：

```
struct Person::PersonImpl
{
  void greet(Person* p);
}
```

　　类 Person 中对 PersonImpl 做了前向声明，并且保存了一个 PersonImpl 类型的指针。我们在 Person 的构造函数中初始化这个指针，并且在析构函数中销毁它。如果我们习惯使用智能指针，也可以将其替换为智能指针。

```
Person::Person()
  : impl(new PersonImpl) {}

Person::~Person() { delete impl; }
```

　　现在，我们要实现 Person::greet() 接口，正如你预料的那样，这个接口只是将控制权转交给 PersonImpl::greet()：

```
void Person::greet()
{
  impl->greet(this);
}
void Person::PersonImpl::greet(Person* p)
{
  printf("hello %s", p->name.c_str());
}
```

　　简单来说，这就是 Pimpl 模式。因此，现在唯一的问题是：为什么？为什么要费尽周折实现 greet() 的代理并且传递 this 指针呢？这种方法有三个优点：

❑ 这种方法隐藏了类的大部分实现。如果 Person 类有许多私有／公共成员，即使由于 private/protected 访问限定符的存在，客户不能直接访问这些成员，但我们也会提供一系列丰富的 API，由此暴露了 Person 类内部的某些成员。如果使用 Pimpl 模式，那么只需要对外提供公共接口即可。

❑ 修改隐藏的 Impl 类的数据成员不会影响二进制文件的兼容性。

❑ 头文件中只需要包含声明所需的头文件，而不必包含实现所需的头文件。例如，如果 Person 类有一个 vector<string> 类型的私有成员，则必须在 Person.h 头文件中同时包含 <vector> 和 <string>（这是可传递的，所以任何使用 Person.h 的文件都包含它们）。使用 Pimpl 模式，这可以在 .cpp 文件中完成。

Pimpl 模式可以使系统中的头文件更加整洁，并且不必频繁改动。不过，副作用是会影响编译速度。就本章介绍的内容而言，Pimpl 模式是桥接模式的一种很好的体现：在刚才的示例中，`pimpl` 是一种**不透明指针**（即我们不知道它背后是什么），它起着桥梁的作用，将公共接口的成员与其隐藏在 `.cpp` 文件中的底层实现结合了起来。

7.2　桥接模式介绍

Pimpl 模式是桥接（Bridge）模式的一种具体体现，现在我们看看关于桥接模式更加通用的做法。假设有两种（数学意义上的）对象：几何对象以及将几何对象绘制在屏幕上的渲染器对象。

如同我们在适配器模式中展示的那样，假设我们可以以向量和光栅形式进行渲染（尽管我们不会在这里编写任何实际的绘图代码），并且将几何对象的形状限制为圆形。

首先，基类 Renderer 定义如下：

```
struct Renderer
{
  virtual void render_circle(float x, float y, float radius) = 0;
};
```

我们可以轻松地构建向量渲染和光栅渲染的具体实现，下面将编写一些打印到控制台的代码来模拟实际的渲染过程：

```
struct VectorRenderer : Renderer
{
  void render_circle(float x, float y, float radius) override
  {
    cout << "Rasterizing circle of radius " << radius << endl;
  }
};

struct RasterRenderer : Renderer
{
  void render_circle(float x, float y, float radius) override
  {
    cout << "Drawing a vector circle of radius " << radius << endl;
  }
};
```

几何对象的基类 Shape 可以保存一个对渲染器的引用，我们在 Shape 中定义 `draw()` 和 `resize()` 两个成员函数用于支持渲染和调整尺寸的操作：

```
struct Shape
{
protected:
  Renderer& renderer;
```

```
  Shape(Renderer& renderer) : renderer{ renderer } {}
public:
  virtual void draw() = 0;
  virtual void resize(float factor) = 0;
};
```

可以看到，Shape 类含有一个 Renderer 类型的引用。这正是桥接模式中的"桥"之所在。接下来，我们创建 Shape 类的一个具体实现，并添加诸如圆心位置和半径等更多信息。

```
struct Circle : Shape
{
  float x, y, radius;

  Circle(Renderer& renderer, float x, float y, float radius)
    : Shape{renderer}, x{x}, y{y}, radius{radius} {}

  void draw() override
  {
    renderer.render_circle(x, y, radius);
  }
  void resize(float factor) override
  {
    radius *= factor;
  }
};
```

桥接模式很快就展现在眼前！当然，最有趣的部分在于函数 draw()：这是连接 Circle（包含位置和大小信息）和渲染过程的桥梁。这里的桥就是渲染器，例如：

```
RasterRenderer rr;
Circle raster_circle{ rr, 5,5,5 };
raster_circle.draw();
raster_circle.resize(2);
raster_circle.draw();
```

在这段代码中，桥就是 RasterRenderer：我们声明一个 RasterRenderer 对象，并将其引用传递给 Circle。此后，对函数 draw() 的调用将会以此 RasterRenderer 引用为桥梁来对 Circle 进行渲染。如果需要调整圆的大小，则可以调用 resize() 函数，渲染过程仍旧可以正常进行，因为渲染器并不知道也不关心其所渲染的 Circle 对象。

图 7-1 展示了桥接模式的类关系图。

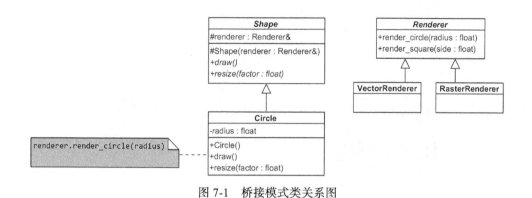

图 7-1　桥接模式类关系图

7.3　总结

　　桥接模式的概念很简单，它通常作为连接器或黏合剂，将两个"不相关"的组件连接起来。抽象（接口）的使用允许组件之间在不了解具体实现的情况下彼此交互。

　　也就是说，桥接模式的参与者确实需要意识到彼此的存在。具体来说，Circle 类需要引用 Renderer；Renderer 也需要知道如何绘制圆（即 Renderer 类的成员函数 draw_circle() 的命名由来）。这与中介者模式形成了对比，中介者模式允许对象在毫不知晓对方的情况下进行通信。

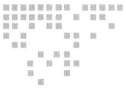

第 8 章

组 合 模 式

很显然，对象通常由其他对象组成（换言之，其他对象聚合成一个对象）。请记住，在第二部分的开始处，我们已经约定"组合"和"聚合"是对等的意思。

展示对象的组成成员的方式很少。类成员本身不能构成接口，除非为该成员定义 getter 和 setter 的虚方法。通过实现 begin()/end() 成员函数可以展示类由对象组成，但请记住，该方法没有太大意义，因为在这些成员函数中可以做任何事情。类似地，我们可以尝试使用迭代的 typedef 来表明某个对象其实是一类特定类型的对象组成的容器，但是，真的会有人通过 typedef 去检查吗？

另一种可替换 begin()/end() 成员函数的方法是使用协程。协程中的特殊函数的作用是允许调用者主动暂停执行，但协程的副作用是，它会暴露用于生成"可恢复的"（resumable）值序列的生成器（generator）。我们通常会谈论生成器函数，所以如果想定义生成器类，则必须对生成器函数的位置进行设计。一种方法是创建一个仿函数，即

```cpp
class Values
{
public:
  generator<int> operator()()
  {
    co_yield 1;
    co_yield 2;
    co_yield 3;
  }
};
```

这样，我们就可以用普通的 for 循环来调用这个仿函数并得到返回的值：

```
Values v;
for (auto i : v())
  cout << i << ' '; // 1 2 3
```

但是，这种方式对展示对象组成的接口的可发现性没有什么帮助，即用户也许并不知道可以通过这种方式迭代访问对象的组成成员。开发 C++ API 的程序员经常会忽略 API 的可发现性，但我认为将 API 直接传达给客户是一件很重要的事情。我们可以尝试即兴编写一个标记接口：

```
template <typename T> class Contains
{
  virtual generator<T> operator()() = 0;
};
```

但这也不完美。

另一种表明对象是容器类型的方法是继承某个容器类。如果设计的类的析构函数不做任何清理工作，而且能够预见到设计的类不会被继承，那么即使 STL 容器没有定义虚析构函数，这种方法也是可行的——直接继承 vector 不会有任何问题！

现在，回到主题上来，什么是组合模式？本质上，组合模式为单个对象和容器对象提供了相同的接口。当然，定义一个接口并在两个对象中实现它，这很容易。同样，我们可以尝试在适用的情况下采用"鸭子类型"[⊖]机制，比如 begin()/end()[⊜]。鸭子类型通常是一个糟糕的主意，因为它不能在接口中给出明确的定义，而是依赖隐藏的知识。顺便说一句，这里并不是阻止大家使用显式的 begin() 和 end() 接口，但迭代器的类型是什么呢？

8.1 支持数组形式的属性

组合模式通常应用于整个类，不过在此之前，我们将首先展示如何在类的属性上使用组合模式。这里所说的术语"属性"，当然是指类的成员，以及向 API 用户暴露该成员的方式。

假设我们现在有一款电子游戏，其中包含各种不同的生物，每个生物有力量值（strength）、敏捷度（agility）等以数值表示的属性。我们可以很容易地定义这个类：

⊖ "当看到一只鸟走起来像鸭子、游起来像鸭子、叫起来也像鸭子，那么这只鸟就可以被称为鸭子。"鸭子类型在动态语言中经常使用。鸭子类型表明，我们只关心对象的行为，而不关心对象到底是什么类型。——译者注

⊜ 公平地说，如果我们关心的只是向前迭代直到集合结束，那么设计 begin()/end() 两个迭代器函数略显多余。我们可以从 Swift 中获得启发，并且只定义一个接口即可，例如 optional<T> next()。这样，就可以编写类似 while (auto item = foo.next()) { ... } 的代码，然后反复调用 next() 直到它返回空值为止。

```cpp
class Creature
{
  int strength, agility, intelligence;
public:
  int get_strength() const
  {
    return strength;
  }

  void set_strength(int strength)
  {
    Creature::strength = strength;
  }
  // other getter and setters here
};
```

至此，初步定义完成。但如果此时想计算某个生物的统计数据，例如，该生物各个属性值的总和、平均值，以及最高值。由于上面定义的类中各个属性是分开的，因此我们需要添加以下接口来获得这些数据：

```cpp
class Creature
{
  // other members here
  int sum() const {
    return strength + agility + intelligence;
  }

  double average() const {
    return sum() / 3.0;
  }

  int max() const {
    return ::max(::max(strength, agility), intelligence);
  }
};
```

这种实现难以让人满意，主要有以下几个原因：

❑ 计算所有属性值的总和时，很容易犯错，例如遗漏某个属性。

❑ 计算平均值时，除数 3.0 对应于类中的成员数量。如果成员数增加或者减少，必须相应地修改这个数字。

❑ 计算最大值时，需要嵌套使用 max() 函数，成员数量越多，嵌套层次越深。

这段代码确实很糟糕，但凡我们要增加一个成员，sum()、average()、max() 以及其他涉及统计计算的接口都得完全重构！可以避免这种情况吗？事实证明，可以！

采用支持数组形式的属性的方式如下。首先，我们为 Creature 类定义一个枚举成员，声明 Creature 的所有属性值；然后，创建一个数组，数组的大小为总的属性数量：

```
class Creature
{
  enum Abilities { str, agl, intl, count };
  array<int, count> abilities;
};
```

在上面的枚举定义中，包含一个额外的成员 count，其值即为 Creature 包含的属性的数量。请注意，我们使用的是 enum，而不是 enum class。枚举使得我们对这些属性成员的使用更加容易。

现在，基于数组形式的属性，我们可以为力量值、敏捷度等属性定义 setter 和 getter，例如：

```
int get_strength() const { return abilities[str]; }
void set_strength(int value) { abilities[str] = value; }
// same for other properties
```

IDE 并不会生成这些代码，不过就代码的灵活性而言，这是一个很小的代价。

接下来，精彩的部分来了，涉及属性统计计算的函数 sum()、average()，以及 max() 将变得非常简单，因为要实现这些接口，只需要迭代访问数组即可：

```
int sum() const {
  return accumulate(abilities.begin(), abilities.end(), 0);
}

double average() const {
  return sum() / (double)count;
}

int max() const {
  return *max_element(abilities.begin(), abilities.end());
}
```

很棒！难道不是吗？不仅代码更容易编写和维护，而且向类中添加新的属性就像添加新枚举成员和 getter-setter 一样简单，而相关的属性统计计算接口根本不需要改变！

8.2 组合图形对象

考虑一个应用程序，例如 PowerPoint，我们可以在其中选择多个不同的对象并拖动它们将其组合成一个对象。然而，如果只选择单个对象，也可以拖动它。渲染也是如此：既可以渲染单个图形对象，也可以将多个图形形状组合在一起并将它们作为一组对象来绘制。

这种方式的实现很简单，因为它只依赖于一个如下所示的接口：

```
struct GraphicObject
{
  virtual void draw() = 0;
};
```

现在，从名称上看，我们可能会认为 **GraphicObject** 始终是一个标量，也就是说，它始终表示单个项目。但是，请考虑一下，将几个矩形和圆组合在一起则代表一个组合图形对象（此即"组合模式"名称的由来）。例如，就像定义 **Circle** 一样：

```
struct Circle : Graphicobject
{
  void draw() override
  {
    cout << "Circle" << endl;
  }
};
```

类似地，我们可以定义由其他图形对象组成的 **GraphicObject**。这种关系可以无限递归：

```
struct Group : Graphicobject
{
  string name;

  explicit Group(const string& name)
    : name{name} {}

  void draw() override
  {
    cout << "Group " << name.c_str() << " contains:" << endl;
    for (auto&& o : objects)
      o->draw();
  }

  vector<GraphicObject*> Objects;
};
```

不论是标量 **Circle** 还是任何 **Group** 对象都是可渲染的，因为它们都实现了 **draw()** 函数。**Group** 保留一个指向其他图形对象（也可以是 **Group**！）的指针向量，并使用该向量的元素来渲染自身。

下面展示了该 API 的使用方式：

```
Group root("root");
Circle c1, c2;
root.objects.push_back(&c1);

Group subgroup("sub");
subgroup.objects.push_back(&c2);

root.objects.push_back(&subgroup);

root.draw();
```

上述代码段的运行结果如下：

```
Group root contains:
 - Circle
 - Group sub contains:
   - Circle
```

这是组合模式最简单的实现，尽管它带有我们自定义的接口。如果我们尝试采用其他更标准化的方式迭代对象，这种模式会是什么样子的？

8.3 神经网络

机器学习是现在的一个热点主题，我希望它一直保持这样，否则我必须要更新这一段内容了。人工神经网络是机器学习的一部分，它是一种试图模仿大脑中神经元工作方式的软件结构。

神经网络的核心元素是**神经元**。神经元可以根据输入产生一个输出值（通常是数字），我们可以将该值反馈到网络中的其他连接。由于我们只关注连接，因此可以像下面那样对神经元建模：

```
struct Neuron
{
  vector<Neuron*> in, out;
  unsigned int id;

  Neuron()
  {
    static int id = 1;
    this->id = id++;
  }
};
```

`Neuron` 类中的成员 `id` 用于标识不同的 `Neuron` 对象。现在可以像下面那样将神经元一个接一个地连接起来：

```
template<> void connect_to<Neuron>(Neuron& other)
{
  out.push_back(&other);
  other.in.push_back(this);
}
```

相信这个函数所做的工作是符合我们预期的：它建立了当前神经元和其他神经元之间的连接。目前来看一切都是正常的。

现在，假设我们要创建神经网络层。一定数量的神经元组合在一起，就成了神经网络中的一层。以下代码犯了从 `vector` 继承的大错：

```
struct NeuronLayer : vector<Neuron>
{
  NeuronLayer(int count)
  {
    while (count --> 0)
      emplace_back(Neuron{});
  }
};
```

看起来还行，是吧？上述代码中甚至包含了箭头运算符"-->"⊖。但是现在，我们遇到了一些问题。

我们遇到的问题是如何将一个神经元连接到神经网络层上。广义上说，我们希望达到如下的效果：

```
Neuron n1, n2;
NeuronLayer layer1, layer2;
n1.connect_to(n2);
n1.connect_to(layer1);
layer1.connect_to(n1);
layer1.connect_to(layer2);
```

可以看到，上述代码展示了 4 种场景，分别代表：

（1）一个神经元连接另一个神经元；

（2）一个神经元连接一个神经网络层；

（3）一个神经网络层连接一个神经元；

（4）一个神经网络层连接另一个神经网络层。

你可能已经猜到，我们不可能对 `connect_to()` 成员函数进行 4 次重载。如果有 3 个不同的类，现实地考虑，你会创造 9 个函数吗？我认为不会。

相反，我们要做的是在基类中寻找一个契机——多亏了多重继承，我们完全可以这么做。那么，下面这种方式如何？

```
template <typename Self>
struct SomeNeurons
{
  template <typename T> void connect_to(T& other)
  {
    for (Neuron& from : *static_cast<Self*>(this))
    {
      for (Neuron& to : other)
      {
```

⊖　当然，实际上并没有"-->"这个运算符。这个符号很简单，是由一个后缀递减运算符（--）加上一个大于号（>）组成的。它的作用，正如"-->"这个箭头所指示的那样：在 while(count-->0) 这行代码中，它代表程序一直迭代直到 count 为 0 为止。我们也可以使用"<--""--->"等运算符执行类似的操作。

```
        from.out.push_back(&to);
        to.in.push_back(&from);
      }
    }
  }
};
```

函数 connect_to() 的实现绝对值得讨论。可以看到,它是一个模板成员函数,它接受 T,然后逐对地迭代 *this 和 T& 的神经元,将每一对神经元相互连接。但是需要注意:我们不能只迭代 *this,因为这会提供 SomeNeurons& 类型的神经元对象,但我们想要的是准确类型的神经元对象。

这就是我们要强制把 SomeNeurons& 类设计成模板类,并且让模板参数 Self 代指继承类的原因。随后,在解引用之前,将 this 指针转换成 Self* 类型,然后再进行迭代。这意味着 Neuron 必须继承自 SomeNeurons<Neuron>——为了方便,得付出小小的代价。

剩下的工作就是在 Neuron 和 NeuronLayer 中实现 SomeNeurons::begin() 和 SomeNeurons::end() 函数,以使 for 循环能够正常工作。

由于 NeuronLayer 继承自 vector<Neuron>,所以不必显式地实现 begin()/end()——它本来就已经存在了。但从根本上说,神经元确实需要一种迭代它自身的方式。它需要让自己成为唯一的可迭代元素。这可以按如下方式完成:

```
Neuron* begin() override { return this; }
Neuron* end() override { return this + 1; }
```

你可以慢慢体会这个设计的可怕之处。正是这个设计使得 SomeNeurons::connect_to() 成为可能。简而言之,我们已经使单个(标量)对象表现得像一个可迭代的对象集合。这允许以下所有用法:

```
Neuron neuron, neuron2;
NeuronLayer layer, layer2;

neuron.connect_to(neuron2);
neuron.connect_to(layer);
layer.connect_to(neuron);
layer.connect_to(layer2);
```

更不用说如果要引入一个新容器(例如某个 NeuronRing),所要做的就是继承 SomeNeurons<NeuronRing> 并实现 begin()/end(),然后新的类就可以立即连接到 Neurous 和 NeuronLayers。

8.3.1 封装组合模式

我们可以通过设计一个基类来表明对象是标量:

```
template <typename T> class Scalar : public SomeNeurons<T>
{
public:
  T* begin() { return reinterpret_cast<T*>(this); }
  T* end() { return reinterpret_cast<T*>(this) + 1; }
};
```

这是个一举两得的做法：我们从 SomeNeurons 继承了 connect_to() 方法，同时也为标量值实现了 begin()/end() 方法。因此，我们将 Neuron 类定义为

```
class Neuron : public Scalar<Neuron>
{
  // as before
}
```

然后就可以像之前一样使用 Neuron。

8.3.2　概念上的改进

此时，SomeNeuron 类通过"鸭子类型"连接到包含 Neuron 的对象。我们可以通过明确要求两个连接的类型都必须是可迭代的来做一个小小的改进。为此，我们定义了一个概念：

```
template <typename T> concept Iterable =
  requires(T& t)
  {
    t.begin();
    t.end();
  } || requires (T& t)
  {
    begin(t);
    end(t);
  };
```

不过，这个概念是有限制的。编写类似以下的代码的确很有诱惑力：

```
template <Iterable Self> // <-- a nightmare
struct SomeNeurons
{
  template <Iterable T> // <-- okay
  void connect_to(T& other)
  {
    // as before
  }
};
```

将 connect_to() 方法声明为 Iterable 是可行的。将类型参数 Self 声明为 Iterable

完全是另一回事。一开始，你可能认为它应该"正常工作"，但事实并非如此。

考虑一下我们之前定义的 Scalar 类。它继承自 SomeNeurons<T>，所以我们需要将 T 约束为可迭代的：

```
template <Iterable T> class Scalar : public SomeNeurons<T>
{
  // as before
};
```

然而，这种方法无法定义 Neuron 类。请记住，之前我们将 Neuron 类定义为：

```
struct Neuron : Scalar<Neuron>
```

由于 Scalar 显式地声明其类型参数必须是可迭代的，我们需要使 Neuron 本身也是可迭代的，而它只能是因继承自 Scalar 而变为可迭代对象，但 Neuron 本身不是可迭代对象。请注意，继承顺序在这里并不重要。例如，如果停止从 SomeNeurons 继承 Scalar，然后将 Neuron 定义为：

```
struct Neuron : Scalar<Neuron>, SomeNeurons<Neuron>
```

它仍旧不能通过编译，即使后面一个基类完全满足之前的需求。我想基于概念的 CRTP 是不可能的。

8.3.3　概念和全局运算符

现在，我必须承认，拥有一个只有一个函数的基类属于一种代码异味情况。我们可以适度地容忍它，因为 C++ 不支持扩展方法（这将缩短工作时间），我们来看一个例子，在这个例子中，我们可以完全摆脱 SomeNeurons 基类。

在本例中，假设我们希望使用运算符而不是继承来连接神经元结构。我们首先想到的是运算符"->"，但遗憾的是，这个运算符只能是成员函数，这通常会让我们回到使用基类的想法，其中确实可以定义这样的函数。

为灵活起见，我们将引入一个不同的特性：运算符"-->"。当然，它只是运算符"--"和">"的融合运算符。这个技巧分为两个过程实现：

（1）定义返回特殊代理类的非成员运算符"--"。

（2）为该代理类指定">"运算符成员，该运算符的作用等同于前面的 connect_to() 函数的功能。

首先，将运算符"--"定义如下：

```
template <Iterable T> ConnectionProxy<T> operator--(T&& item, int)
{
  return ConnectionProxy<T>{item};
}
```

然后，定义完整的代理类：

```
template <Iterable T> class ConnectionProxy
{
  T& item;
public:
  explicit ConnectionProxy(T& item) : item{item} {}

  template <Iterable U> void operator>(U& other)
  {
    for (Neuron& from : item)
    {
      for (Neuron& to : other)
      {
        from.out.push_back(&to);
        to.in.push_back(&from);
      }
    }
  }
};
```

现在，我们可以连接两个神经元对象了，代码看起来非常整洁：

```
Neuron n1, n2;
n1-->n2;
```

遗憾的是，这种方法的可发现性是不存在的：寻找一个运算符已经够糟糕的了，寻找两个运算符对于客户来说几乎是不可能的挑战。不过，至少现在我们知道如何定义看起来很时髦的运算符了。

8.4 组合模式的规范

在介绍开闭原则的时候，我们曾展示了规范模式的示例代码。该模式的关键方面是基类 Filter 和 Specification，它们允许我们使用继承来构建符合开闭原则的可扩展的过滤器框架。该实现的一部分涉及组合规范——使用"与"（AND）或"或"（OR）运算符将多个规范组合在一起的规范。

AndSpecification 和 OrSpecification 都使用了两个操作数（我们称之为 first 和 second），但是这种限制完全是任意的，事实上，我们可以将两个以上的元素组合在一起。此外，我们可以使用可重用的基类改进 OOP 模型，例如：

```
template <typename T> struct CompositeSpecification :
Specification<T>
{
protected:
```

```
vector<unique_ptr<Specification<T>>> specs;

template<typename... Specs> CompositeSpecification(Specs...
specs)
{
  this->specs.reserve(sizeof...(Specs));
  (this->specs.push_back(make_unique<Specs>(move(specs))),
  ...);
}
};
```

上述代码将多个 Specification 以智能指针的形式存储在一个向量中，因此可以应对对象切片和多态向量的问题。我们不得不使用可变参数模板，因为 initializer_list<Specification<T>> 会引入切片。此外，由于向量初始化中的常量问题，我们不得不使用 push_back()。

采用这种方法，现在我们可以重新实现 AndSpecification：

```
template <typename T> struct AndSpecification :
CompositeSpecification<T>
{
  template<typename... Specs> AndSpecification(Specs... specs)
    : CompositeSpecification<T>{specs...} {}

  bool is_satisfied(T* item) const override
  {
    return all_of(this->specs.begin(), this->specs.end(),
      [=](const auto& s) { return s->is_satisfied(item); });
  }
};
```

这个类只是简单地重复了 CompositeSpecification 的构造函数（为了代码简洁起见，这里省略了完美转发的提示）并提供了 is_satisfied() 的实现。

以下是这个类的预期使用方式：

```
auto spec = AndSpecification<Product>{green, large, cheap};
```

可以看到，组合器所做的工作只是逐个检查 specs 中的每个规范是否满足指定的要求。类似地，如果想实现 OrCombinator，需要使用 any_of()，而不是 all_of()。我们甚至可以根据更复杂的标准来实现某些规范。例如，可以设计一个组合规范，以验证给定的输入中，有至多 / 至少 / 指定数量的输入项满足需求。

8.5　总结

组合模式允许我们为单个对象和对象集合提供相同的接口。这可以通过显式使用成员接口或通过鸭子类型来完成——例如，range-based for loop 不要求继承任何内容，只需要提供合适的 `begin()`/`end()` 类型的成员函数即可正常运行。

正是这些 `begin()`/`end()` 成员函数允许标量类型伪装成"集合"。值得注意的是，尽管 `connect_to()` 函数的嵌套 `for` 循环具有不同的迭代器类型，但它们能够将两个结构连接在一起：Neuron 返回 Neuron*，而 NeuronLayer 返回 `vector<Neuron>::iterator`——这两者并不完全相同。这就是模板的魔力！

最后，我必须承认，只有当你想要单个成员函数时，所有这些努力都是必要的。如果你喜欢调用全局函数，或者想拥有多个 `connect_to()` 函数的实现，则不需要基类 SomeNeurons。

第 9 章 Chapter 9

装饰器模式

假设你正在使用由同事编写的类，并且想要扩展这个类的功能。在不修改原始代码的前提下，你会怎么做？一种办法是继承：设计一个派生类，并在其中添加需要的功能，甚至覆写某个虚函数，然后就可以开始编码了。

但是，这种办法并不总是有效，原因有很多。例如，我们通常不想继承自 std::vector，因为它缺少虚析构函数，也不想从 int 继承（这是不可能的）。但是继承不起作用的最关键原因是需要多个强化的功能，并且由于单一职责原则，我们希望将这些强化的功能单独分开。

装饰器（Decorator）模式允许我们在既不修改原始类型（违背了开闭原则）也不会产生大量派生类型的情况下强化既有类型的职责或功能。

9.1 预想方案

这就是我所说的多重强化的意思：假设我们有一个名为 Shape 的类，它表示图形形状（如圆形、正方形等），我们需要赋予它颜色或透明度值。我们可以创建两个继承者，即 ColoredShape 和 TransparentShape，但是还需要考虑到有人会想要一个 ColoredT-ransparentShape。因此，我们生成 3 个类来支持两种强化；如果需要 3 种强化功能，则需要 7 个不同的类。图 9-1 给出了一个维恩图，展示了由 3 个集合相交而生成的所有分区。

别忘了我们实际上想要不同的形状（正方形、圆形等）——它们会继承自什么基类？若有 3 种强化功能和 2 种不同的形

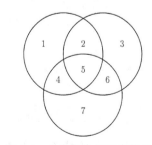

图 9-1　3 个集合的组合数量。相交集合越多，维恩图越难以可视化

状，类的数量将增加到 14 个。显然，这是一种无法管理的情况——即使使用代码生成工具！

我们编写代码来尝试一下。假设我们定义一个名为 Shape 的抽象类：

```
struct Shape
{
  virtual string str() const = 0;
};
```

在这个抽象类中，**str()** 是一个用于以文本方式显示特殊图形形状的虚函数，这对于我们基于控制台的演示很有用。

现在，我们可以继承 Shape，实现其他诸如圆形（**Circle**）或正方形（**Square**）等形状：

```
struct Circle : Shape
{
  float radius;

  explicit Circle(const float radius)
    : radius{radius} {}

  void resize(float factor) { radius *= factor; }

  string str() const override
  {
    ostringstream oss;
    oss << "A circle of radius " << radius;
    return oss.str();
  }
}; // Square implementation omitted
```

我们已经知道，普通的继承关系本身不能为我们提供一种有效的强化 Shape 功能的方式，所以我们必须转向组合功能——这是装饰器模式强化对象的机制。实际上有两种不同的方法——以及其他几种模式——需要逐个讨论：

❑ **动态组合**允许在运行时组合某些东西，通常是通过按引用传递（pass-by-reference）实现的。它的灵活性很强，因为组合可以在运行时响应用户的输入。

❑ **静态组合**意味着对象及其强化功能是在编译时使用模板组合而成的。这意味着在编译时需要知道对象确切的强化功能，因为之后无法对其进行修改。

虽然这听起来有点神秘，但请不要担心——我们将以动态和静态两种方式实现装饰器，所以很快一切都会变得清晰。

9.2 动态装饰器

假设要为 Shape 类扩展关于颜色功能。我们使用组合功能而不是继承来实现 Colored-Shape，传入一个 Shape 对象的引用，ColoredShape 即可在已构造好的 Shape 上强化其功能：

```
struct ColoredShape : Shape
{
  Shape& shape;
  string color;

  ColoredShape(Shape& shape, const string& color)
    : shape{shape}, color{color} {}

  string str() const override
  {
    ostringstream oss;
    oss << shape.str() << " has the color " << color;
    return oss.str();
  }
};
```

可以看到，`ColoredShape` 本身也是一个 `Shape`（实现了继承而来的 `str()` 接口），但同时也维护着一个它将装饰的 `Shape` 的引用。在这个示例中，它只是一个普通的引用，我们也可以使用指针、智能指针，或其他类型来表示。

除了关于颜色的信息，`ColoredShape` 还可以添加其他成员函数，例如：

```
void ColoredShape::make_dark() {
  if (constexpr auto dark = "dark "; !color.starts_with(dark))
    color.insert(0, dark);
}
```

这段代码使用了 `constexpr`、`if` 初始化和 C++20 的 `starts_with()` 等新特性。实际上，C++ 对 `starts_with()` 的支持还是太晚了（相较于 Python、Java 等），我相信你也会同意这种说法。

以下是这个装饰器的使用示例：

```
Circle circle{0.5f};
ColoredShape redCircle{circle, "red"};
cout << redCircle.str();
// A circle of radius 0.5 has the color red

redCircle.make_dark();
cout << redCircle.str();
// A circle of radius 0.5 has the color dark red
```

如果我们现在想要基于 `Shape` 类添加另一个增加透明度的强化功能，这也很简单：

```
struct TransparentShape : Shape
{
  Shape& shape;
  uint8_t transparency;

  TransparentShape(Shape& shape, const uint8_t transparency)
```

```
    : shape{shape}, transparency{transparency} {}
  string str() const override
  {
    ostringstream oss;
    oss << shape.str() << " has "
      << static_cast<float>(transparency) / 255.f*100.f
      << "% transparency";
    return oss.str();
  }
};
```

现在就有了一个强化功能，它采用 0～255 范围内的透明度值并以百分比的形式打印出来。我们现在可以单独使用这一强化功能：

```
Square square{3};
TransparentShape demiSquare{square, 85};
cout << demiSquare.str();
// A square with side 3 has 33.333% transparency
```

但动态装饰器方法的美妙之处在于我们可以将 ColoredShape 和 TransparentShape 组合为一个同时具有颜色和透明度功能的 Shape：

```
Circle c{23};
ColoredShape cs{c, "green"};
TransparentShape myCircle{cs, 64};
cout << myCircle.str();
// A circle of radius 23 has the color green has 25.098%
// transparency
```

如果你打算用一行代码创建这样的结构，则必须调整代码。目前，我们暂时不支持这样写：

```
TransparentShape{ColoredShape{Circle{23}, "green"}, 64};
```

为了达到这样的效果，我们将修改被装饰对象存储引用的方式，比如使用右值引用、常量引用或者某种其他机制。在 MSVC 中这样做是可以的，因为 MSVC 的非标准扩展允许将右值引用绑定到左值，但这是一种不可移植的解决方案。

现在，公平地说，还可以做的一件事（虽然没有多大意义）是多次重复同一个装饰器。例如，使用 ColoredShape{ColoredShape{...}} 虽然并没有什么意义，但它可以正常工作，只是会产生一些有争议的结果。虽然你可以用 assert 或一些 OOP 技巧来验证它，但我很好奇你将如何处理类似的问题，例如：

```
ColoredShape{TransparentShape{ColoredShape{...}}}
```

检查这行代码的问题充满挑战性，虽然有可能实现，但我认为它根本不值得检查。作为一名程序员，我们要保持一定的理智。

9.3　静态装饰器

你是否注意到在上述场景中，我们为 Circle 提供了一个名为 resize() 的函数，但它并不是 Shape 接口的一部分。你可能已经猜到了，因为它不是 Shape 的一部分，所以我们不能在装饰器中调用它，例如：

```
Circle circle{3};
ColoredShape redCircle{circle, "red"};
redCircle.resize(2); // won't compile!
```

即使你不关心是否可以在运行时将对象组合起来，但你一定会关心是否能够访问被装饰对象的所有属性成员和成员函数。是否可以构造这样的装饰器呢？

实际上是可以的，可以通过模板和继承实现——但不能用那种会导致状态空间爆炸的继承类型。相反，我们可以使用一种名为 mixin 继承的方式，在 mixin 继承方式中，类继承自它的模板参数。

以上就是我们的想法——创建一个新的继承自模板参数的 ColoredShape。

```
template <typename T> struct ColoredShape : T
{
  string color;

  string str() const override
  {
    ostringstream oss;
    oss << T::str() << " has the color " << color;
    return oss.str();
  }
}; // implementation of TransparentShape<T> omitted
```

很重要的一点是如何确保模板类型参数 T 继承自 Shape。有两种办法：

❏ 使用 static_assert，即

```
template <typename T> struct ColoredShape2 : T
{
  static_assert(is_base_of_v<Shape, T>,
    "Template argument must be a Shape");
  // as before
};
```

❏ 使用概念。

基于 ColoredShape<T> 和 TransparentShape<T> 的实现，我们可以将两者组合为一个同时具有颜色和透明度功能的 Shape：

```
ColoredShape<TransparentShape<Square>> square{"blue"};
square.size = 2;
square.transparency = 0.5;
```

```
cout << square.str();
// can call square's own members
square.resize(3);
```

这样不是很好吗？嗯，很好，但并不完美：我们似乎没有充分利用构造函数，所以即使能够初始化最外层的类，也不能通过一行代码来完整构造具有特定大小、颜色和透明度的 Shape 对象。

为了更完美，我们可以为 ColoredShape 和 TransparentShape 转发构造函数。这些构造函数将接受两个参数：第一个是特定于当前模板类的参数，第二个是将转发给基类的通用参数包。例如：

```
template <typename T> struct TransparentShape : T
{
  uint8_t transparency;

  template<typename...Args>
  TransparentShape(const uint8_t transparency, Args...args)
    : T(std::forward<Args>(args)...)
    , transparency{ transparency } {}
  ...
}; // same for ColoredShape
```

重申一下，TransparentShape 类的构造函数可以接受任意数量的参数，其中第一个参数用于初始化透明度值，其余的参数则转发给基类的构造函数使用。不幸的是，这组参数必须颠倒过来。

构造函数参数的数量必须准确，如果参数的数量或类型不准确，程序将无法编译。这对调用构造函数的方式施加了某些限制，因为转发构造函数总是根据实际可用的内容尝试"填充"可用的构造函数。在嵌套构造函数具有重载的情况下，可能无法使用单行语法实例化所需的对象。

当然，千万不要将这些构造函数声明为显式的（explicit），否则当将多个装饰器组合起来时，你会被 C++ 的复制列表初始化（copy-list-initialization）规则所困扰。现在，我们来体验一下这些好处：

```
ColoredShape<TransparentShape<Square>> sq{ "red", 51, 5 };
cout << sq.str();
// A square with side 5 has 20% transparency has the color red
```

可以看到，构造函数参数在继承链的构造函数中"分发"：值 "red" 进入 ColoredShape，值 51 进入 TransparentShape，值 5 进入 Square。

9.4 函数装饰器

虽然装饰器模式通常应用于类，但同样也可以应用于函数。例如，假设代码中有一个特定的函数给你带来了麻烦：你希望记录该函数被调用的所有时间，并在 Excel 中分析统计信息。当然，这可以通过在调用函数前后放置一些代码来实现，即

```
cout << "Entering function XYZ\n";
// do the work
cout << "Exiting function XYZ\n";
```

这很好，但从关注点分离的角度来看并不好：我们确实希望将日志功能存储在某个地方，以便复用并在必要时强化它。

有不同的方法可以实现这一点。一种方法是简单地将整个工作单元作为一个函数提供给某些日志组件：

```
struct Logger
{
  function<void()> func;
  string name;

  Logger(const function<void()>& func, const string& name)
    : func{func}, name{name} {}

  void operator()() const
  {
    cout << "Entering " << name << "\n";
    func();
    cout << "Exiting " << name << "\n";
  }
};
```

使用这种方法，我们可以编写如下代码来使用它：

```
Logger([]() { cout << "Hello\n"; }, "HelloFunction")();
// Entering HelloFunction
// Hello
// Exiting HelloFunction
```

始终有一种选择，可以将函数作为模板参数而不是 `std::function` 传入。这导致与前面的结果略有不同：

```
template <typename Func>
struct Logger2
{
  Func func;
  string name;

  Logger2(const Func& func, const string& name)
    : func{func}, name{name} {}

  void operator()() const
  {
```

```
    cout << "Entering " << name << endl;
    func();
    cout << "Exiting " << name << endl;
  }
};
```

此实现的用途完全不变。我们可以创建一个工具函数来实际创建这样的记录器：

```
template <typename Func> auto make_logger2(Func func,
  const string& name)
{
  return Logger2<Func>{ func, name };
}
```

然后像下面这样使用它：

```
auto call = make_logger2([]() {cout << "Hello!" << endl; },
"HelloFunction");
call(); // output same as before
```

你可能会问"这有什么意义？"嗯……我们现在有能力在需要装饰某个函数时创建一个装饰器（其中包含装饰的函数）并调用它。

现在，我们遇到了一个新的挑战：如果要记录调用函数 add() 的日志，该怎么办呢？此处将 add() 函数定义如下：

```
double add(double a, double b)
{
  cout << a << "+" << b << "=" << (a + b) << endl;
  return a + b;
}
```

需要 add() 函数的返回值吗？如果需要的话，它将从 logger 中返回（因为 logger 装饰了 add() 函数）。这并不容易！但也绝不是不可能。我们再次改进一下记录器：

```
template <typename R, typename... Args>
struct Logger3<R(Args...)>
{
  Logger3(function<R(Args...)> func, const string& name)
    : func{func}, name{name} {}

  R operator() (Args ...args)
  {
    cout << "Entering " << name << endl;
    R result = func(args...);
    cout << "Exiting " << name << endl;
    return result;
  }

  function<R(Args ...)> func;
```

```
  string name;
};
```

在上述代码中，模板参数 R 表示返回值的类型，`Args` 表示函数的参数类型。与之前相同的是，装饰器在必要时调用函数；唯一的区别是 `operator()` 返回了一个 R，因此采用这种方法不会丢失返回值。

我们可以构造另一个工具函数 `make_`：

```
template <typename R, typename... Args>
auto make_logger3(R (*func)(Args...), const string& name)
{
  return Logger3<R(Args...)>(
    function<R(Args...)>(func),
    name);
}
```

请注意，这里没有使用 `std::function`，而是将第一个参数定义为普通函数指针。我们现在可以使用此函数实例化日志调用并使用它：

```
auto logged_add = make_logger3(add, "Add");
auto result = logged_add(2, 3);
```

当然，`make_logger3` 可以被依赖注入取代。这种方法的好处是能够：
❏ 通过提供空对象（参见第 19 章）而不是实际的记录器，动态地打开和关闭日志记录。
❏ 禁用记录器正在记录的代码的实际调用（同样，通过替换其他记录器）。

总之，对于开发人员而言，这是一个有用的工具函数。我将把这种方法改造成依赖注入留作练习。

9.5 总结

装饰器在遵循开闭原则的同时为类提供了额外的功能。它的关键特点是**可组合性**：多个装饰器可以以任意顺序作用于对象。我们已经研究了以下类型的装饰器：
❏ **动态装饰器**可以存储对被装饰对象的引用（如果需要，甚至可以存储整个值！）并提供动态（运行时）可组合性，但代价是无法访问底层对象自己的成员。
❏ **静态装饰器**使用 mixin 继承（从模板参数继承）在编译时组合装饰器。这虽然失去了运行时的灵活性（无法重新组合对象），但允许访问底层对象的成员。这些对象也可以通过构造函数转发进行完全初始化。
❏ **函数装饰器**可以封装代码块或特定函数，以允许组合行为。

值得一提的是，在不允许多重继承的语言中，装饰器还可以通过聚合多个对象来模拟多重继承，然后提供一个接口，该接口是聚合对象接口的集合的并集。

第 10 章

外 观 模 式

首先，我们把语言问题放在一边：外观模式（Façade）的字母 ç 下面加的那个小钩子叫作下加变音符，字母本身读作 S，所以单词"façade"读作"fah-saad"。你可以在代码中使用字母 Ç 或 ç，因为大多数编译器都能很好地处理它，但需要将源代码以适当的编码方式（建议使用 UTF-8）进行保存，以便编译器能够正确地处理它⊖。

现在，关于模式本身，基本上，我能想到的最好的比喻就是比作典型的房子。当你买房子时，你通常关心房子的外观和内部结构。相比之下，你可能不太关心内部系统：电气系统、保温系统以及下水道设施等。这些部件同样重要，但我们也只是希望它们能够无终止地"正常工作"。比起更换锅炉的线缆，你可能更愿意购买新家具。

同样的想法也适用于软件：有时需要以一种简单的方式与复杂的系统进行交互。这里所说的"系统"可以是一组组件，也可以是具有相当复杂 API 的单个组件。

10.1　幻方生成器

虽然一个合适的外观模式（Façade）示例需要我们制造超级复杂的系统，以保证"外观"放在它们前面。我们来考虑一个简单的例子：制造幻方的过程。幻方是一个矩阵，如：

$$
\begin{bmatrix}
3 & 31 & 29 & 9 \\
25 & 13 & 15 & 19 \\
17 & 21 & 23 & 11 \\
27 & 7 & 5 & 33
\end{bmatrix}
$$

⊖ 多年来，我看到了许多关于在源文件中使用 Unicode（通常是 UTF-8）编码的愚蠢的技巧。例如开发者坚持将一些标识符称为 this——当然，这是一个完全有效的标识符，因为 this 中的字母 i 是乌克兰字母 i，而不是拉丁字母。

如果将任意行、任意列或者任意对角线的数字加起来，会得到一个相同的值——在这个示例中为 72。如果我们要自己生成幻方，则可以将其想象为三个不同子系统的相互作用：

❏ Generator（发生器）：生成指定个数的随机数序列的组件。
❏ Splitter（分离器）：接受矩形矩阵，并输出一组表示矩阵中所有行、列和对角线的列表的组件。
❏ Verifier（验证器）：检查列表中每个行、列和对角线的元素的和是否相等。

我们首先来实现 Generator：

```
struct Generator
{
  virtual vector<int> generate(const int count) const
  {
    vector<int> result(count);
    generate(result.begin(), result.end(),
      [&]() { return 1 + rand()%9; });
    return result;
  }
}
```

Generator 通过特定的算法，生成一个包含指定数量随机数的序列，并以向量（vector）的形式返回。为保持代码简洁，这里使用的是 rand() 函数。为生成幻方，我们调用 N 次 generate() 函数，生成 N 行数字序列，最后得到一个 $N \times N$ 的方阵。

组件 Splitter 接受已生成的二维矩阵，并使用它生成表示矩阵的所有行、列和对角线的唯一元素。例如，输入下列矩阵：

$$\begin{bmatrix} 1 & 2 \\ 3 & 4 \end{bmatrix}$$

Splitter 将产生一组值：

$$\begin{bmatrix} 1 & 2 \\ 3 & 4 \\ 1 & 3 \\ 2 & 4 \\ 1 & 4 \\ 2 & 3 \end{bmatrix}$$

这些值代表上面的 2×2 矩阵的所有行、列和对角线的元素。Splitter 接口如下：

```
struct Splitter
{
  vector<vector<int>> split(vector<vector<int>> array) const
  {
    // implementation omitted
  }
};
```

Splitter 的实现相当冗长，所以这里省略了它——请查看源代码以了解其确切的细节。可以看到，Splitter 返回的是一个元素类型为向量的向量（二维矩阵）。

最后一个组件 Verifier 检查上述各行、列、对角线所有元素的和是否相等：

```cpp
struct Verifier
{
  bool verify(vector<vector<int>> array) const
  {
    if (array.empty()) return false;
    auto expected = accumulate(array[0].begin(),
      array[0].end(), 0);
    return all_of(array.begin(), array.end(), [=](auto& inner)
      {
        return accumulate(inner.begin(), inner.end(), 0) ==
        expected;
      });
  }
};
```

现在好了，我们有了三个不同的子系统，它们将协同工作，以生成随机幻方。但是它们容易使用吗？如果我们将这些类提供给客户，他们将很难正确使用它们。那么，我们怎样才能让它们更易于使用呢？

答案很简单：我们创建一个外观类，其本质上是一个隐藏了内部所有实现细节并对外只提供一个简单接口的包装类。当然，它将上述所有三个组件类放在内部使用：

```cpp
struct MagicSquareGenerator
{
  vector<vector<int>> generate(int size)
  {
    Generator g;
    Splitter s;
    Verifier v;

    vector<vector<int>> square;

    do
    {
      square.clear();
      for (int i = 0; i < size; ++i)
        square.emplace_back(g.generate(size));
    } while (!v.verify(s.split(square)));

    return square;
  }
};
```

问题已经解决了！现在，如果客户想要生成 3×3 的幻方，他们要做的就是调用：

```
MagicSquareGenerator gen;
auto square = gen.generate(3);
```

随后，客户将得到一个类似于如下形式的幻方：

$$\begin{bmatrix} 3 & 1 & 5 \\ 5 & 3 & 1 \\ 1 & 5 & 3 \end{bmatrix}$$

细微的调整

通常，我们希望允许高级用户使用附加功能自定义和扩展外观类的行为。例如，我们可能希望幻方对象允许用户提供自定义数字生成器。为了实现这一点，首先，我们修改 `MagicSquareGenerator`，将每个子系统作为模板参数：

```
template <typename G = Generator,
  typename S = Splitter,
  typename V = Verifier>
struct MagicSquareGenerator
{
  vector<vector<int>> generate(int size)
  {
    G g;
    S s;
    V v;
    // rest of code as before
  }
}
```

如果愿意，我们可以进一步添加限制，要求参数 G、S 和 V 从相应的类继承。

现在，可以创建一个 `UniqueGenerator`，以确保生成的集合中的所有数字都是唯一的：

```
struct UniqueGenerator : Generator
{
  vector<int> generate(const int count) const override
  {
    vector<int> result;
    do
    {
      result = Generator::generate(count);
    } while (set<int>(result.begin(),result.end()).size()
            != result.size());
    return result;
  }
};
```

然后，我们把新的 `Generator` 送入外观类，从而得到一个新的幻方。注意，我们只提供第一个模板参数，`Splitter` 和 `Verifier` 则使用默认值。

```
MagicSquareGenerator<UniqueGenerator> gen;
auto square = gen.generate(3);
```

这段代码输出：

$$\begin{bmatrix} 8 & 1 & 6 \\ 3 & 5 & 7 \\ 4 & 9 & 2 \end{bmatrix}$$

当然，用这种方法生成幻方是不切实际的，但这个例子表明，可以将不同子系统之间的复杂的交互隐藏在外观类后面，还可以灵活控制外观类内部子系统的可配置性，以便用户可以在需要时定制外观类的内部操作。

10.2 构建贸易终端

我很长一段时间都在从事定量金融和算法贸易领域工作。正如你可能猜测的，好的贸易终端应能迅速地将信息传递到交易者的大脑中：信息应尽可能快地、没有任何延迟地呈现出来。

大多数金融数据（图表除外）实际上是以纯文本呈现的，以屏幕上的字符呈现。这在某种程度上类似于操作系统中的终端、控制台或命令行界面的工作方式。

终端窗口的第一部分是**缓冲区**。这是渲染字符的存储位置。缓冲区是一个矩形内存区域，通常是一维[⊖]或二维 `char` 或 `wchar_t` 类型的数组。缓冲区可以比终端窗口的可见区域大得多，因此它可以存储一些历史输出，便于我们回滚到这些输出。通常，缓冲区具有指定当前输入缓存行的指针（例如，整数）。这样，已经填满的缓冲区不会重新分配所有的缓存行，只会覆盖最开始的一个。

然后是**视窗**。视窗渲染缓冲区中某个特定部分。缓冲区可能很大，因此视窗只需从缓冲区中取出一个矩形区域并渲染该区域。当然，视窗的大小必须小于或等于缓冲区的大小。

最后是**控制台**（终端窗口）。控制台显示视窗，允许上下滚动，甚至接收用户输入。事实上，控制台是一种外观：描述相当复杂的内部设置的简化表示形式。

通常，大多数用户都只与单个缓冲区和单个视窗交互。但是，也可以有一个控制台窗口与多个视窗的情况，例如，在两个视窗之间垂直分割区域，每个视窗都有相应的缓冲区。这可以使用诸如 `screen` 的 Linux 命令等来完成。

⊖ 大部分缓冲区都是一维的。这样做的原因是，传递单个指针比传递双指针更容易，并且当结构大小确定且不再变化时，使用数组或向量并没有多大意义。一维缓冲区的另一个优点是，当涉及 GPU 处理时，CUDA 等平台使用多达 6 个维度进行寻址，而从 N 维的块或网格位置计算一维索引将会简单很多。

10.2.1 高级终端

操作系统终端的一个典型问题是，如果将大量数据导入其中，那么它的速度会非常慢。例如，Windows 终端窗口（`cmd.exe`）使用 GDI 渲染字符，这完全是不必要的。在快节奏的交易环境中，需要使用硬件加速渲染：应使用 OpenGL⊖之类的 API 将字符预设为表面上的预渲染纹理。

贸易终端由多个缓冲区和视窗组成，如图 10-1 所示。在典型的设置中，不同的缓冲区可能会与来自不同的交易所或不同的贸易程序的数据同时更新，所有这些信息都需要在单个屏幕⊖上显示。

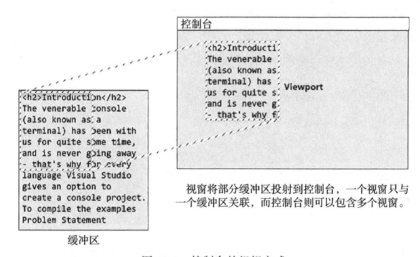

视窗将部分缓冲区投射到控制台，一个视窗只与一个缓冲区关联，而控制台则可以包含多个视窗。

图 10-1　控制台的组织方式

缓冲区还提供了比一维或二维线性存储功能更令人兴奋的功能。例如，我们可以将`TableBuffer`定义为

```
struct TableBuffer : Buffer
{
  TableBuffer(vector<TableColumnSpec> spec, int totalHeight) {
  ... }
  struct TableColumnSpec
  {
    string header;
    int width;
    enum class TableColumnAlignment {
```

⊖ 我们也使用 ASCII，因为很少使用 Unicode。如果不需要支持额外的字符集，那么使用 1 字符等于 1 字节是一种很好的做法。虽然与当前讨论的内容无关，但它也大大地简化了在 GPU 和 CPU 上运行的字符串处理算法的实现。
⊖ 事实上，我们使用了多个屏幕，这使得程序的实现更加充满挑战性。

```
      Left, Center, Right
   } alignment;
  }
};
```

换句话说，缓冲区可以采用某种规格来构建一个表（一个旧式风格的 ASCII 格式的表！），并将其显示在屏幕上。

视窗负责从缓冲区中获取数据。视窗的特点包括：

❑ 它是所显示的缓冲区的引用。

❑ 视窗的尺寸小。

❑ 如果视窗尺寸比缓冲区小，那么需要指定视窗将显示缓冲区的哪个部分。

❑ 视窗在整个控制台窗口中的位置。

❑ 假设视窗正在接收用户的输入，那么光标的位置在哪里？

10.2.2 "外观"体现在哪里

控制台本身就是整个系统的外观。在系统内部，控制台要管理许多不同的对象：

```
struct Console
{
  vector<Viewport*> viewports;
  Size charSize, gridSize;
  ...
};
```

通常，控制台的初始化是一项相当复杂的工作。然而，由于控制台本身是一个外观，因此它实际上试图提供真正可访问的 API。这可能需要一些合理的参数来初始化所有的内部对象。

```
Console::Console(bool fullscreen, int char_width, int char_
height,
  int width, int height, optional<Size> client_size)
{
  // single buffer and viewport created here
  // linked together and added to appropriate collections
  // image textures generated
  // grid size calculated depending on whether we want
     fullscreen mode
}
```

也可以将所有参数打包到参数对象中，同样该对象应具有一些合理的默认值：

```
Console::Console(const ConsoleCreationParameters& ccp) { ... }

struct ConsoleCreationParameters
{
```

```
optional<Size> client_size;
int character_width{10};
int character_height{14};
int width{20};
int height{30};
bool fullscreen{false};
bool create_default_view_and_buffer{true};
};
```

当然，任何特定的默认设置都可能有动态和静态两种方式：

❑ 通过某个结构（比如 **ConsoleCreationParameters**）动态提供的参数可以在运行时发生变化。

❑ 也可以以模板参数的形式静态提供参数。

选择静态方式或者动态方式取决于参数值是否是可变化的。例如，如果控制台不支持调整大小，则可以使用合理的默认值将 **width** 和 **height** 作为模板参数。

10.3　总结

外观模式是一种为复杂子系统提供简单对外接口的方法。它使用户更容易使用我们开发的程序，同时也允许高级用户针对特定需求利用外观模式进行附加功能的开发和调整。

第 11 章

享元模式

"享元"（Flyweight），有时也称为 token 或 cookie，是一个临时组件，扮演着"智能引用"的角色。享元模式通常用于具有大量非常相似的对象的场景，并且希望存储所有这些值的内存开销最小。

我们来看一看与这种模式相关的一些场景。

11.1 用户名问题

想象一个大型多人在线游戏。游戏中肯定有不止一个用户名叫约翰·史密斯，很简单，因为这是一个非常普遍的名字。因此，如果我们反复存储该名字（使用 ASCII 格式），则每个这样的用户名至少花费 11 个字节，甚至更多。相反，我们可以只存储一次该名字，然后存储指向具有该名字的每个用户的指针。如果确实存在大量重复的用户名，那就非常节省空间。

也许，将姓名分成姓和名更有意义，这样，"菲茨杰拉德·史密斯"将由两个指针表示，两个指针分别指向姓和名。事实上，如果使用索引而不是指针，则可以减少使用的字节数。我们肯定不希望有 2^{64} 个不同的姓和名吧？

首先，我们使用 typedef 声明键值 key 的数据类型。之后，我们也可以调整它。

```
typedef uint16_t key;
```

接下来，我们可以定义 User：

```
struct User
{
  User(const string& first_name, const string& last_name)
```

```
      : first_name{add(first_name)}, last_name{add(last_name)} {}
  ⋮
protected:
  key first_name, last_name;
  static bimap<key, string> names;
  static key seed;
  static key add(const string& s) { ... }
};
```

可以看到，User 的构造函数使用其私有的 add() 函数来初始化 first_name 和 last_
name。这个函数在必要时将键值对（键 key 通过种子 seed 生成）插入 name 结构中。这
里使用的是 boost::bimap（双向映射），因为它可以更容易地搜索到重复项——请记住，
如果某个姓或名已经存在于 bimap 中了，只需要返回它的索引即可。

接下来是函数 add() 的实现：

```
static key User::add(const string& s)
{
  auto it = names.right.find(s);
  if (it == names.right.end())
  {
    // add it
    names.insert({++seed, s});
    return seed;
  }
  return it->second;
}
```

这是 get 或 add 机制的一个相当标准的实现。如果你以前没有见过 bimap，则可能
需要查阅 bimap 的文档，了解关于其工作原理的更多信息[⊖]。

现在，如果想对外暴露姓和名（这两个成员受 protected 访问限制，类型为 key，
不是很有用！），我们可以提供适当的 getter 和 setter：

```
const string& get_first_name() const
{
  return names.left.find(last_name)->second;
}
const string& get_last_name() const
{
  return names.left.find(last_name)->second;
}
```

再比如，如果想定义 User 的流输出运算符，则可以编写如下代码：

⊖ http://www.boost.org/doc/libs/1_73_0/libs/bimap/doc/html/index.html。

```
friend ostream& operator<<(ostream& os, const User& obj)
{
  return os
    << "first_name: " << obj.get_first_name()
    << " last_name: " << obj.get_last_name();
}
```

就是这样。我不会提供关于节省了多少空间的统计数据（这实际上取决于示例程序的规模和字符串编码方式），但很明显，在存在大量重复的用户名的情况下，节省的空间是巨大的——特别是为 key 选择占据字节数较少的数据类型时。

11.2　Boost.Flyweight

在之前的示例中，尽管可以复用 Boost 库中的代码，我还是手动实现了一个享元。boost::flyweight 的作用恰如其名：构建一个节省空间的享元。

采用 boost::flyweight，User 的实现变得相当简单：

```
struct User2
{
  flyweight<string> first_name, last_name;

  User2(const string& first_name, const string& last_name)
    : first_name{first_name},
      last_name{last_name} {}
};
```

我们可以运行下面的代码来验证这确实使用了 flyweight：

```
User2 john_doe{ "John", "Doe" };
User2 jane_doe{ "Jane", "Doe" };
cout << boolalpha <<
  (&jane_doe.last_name.get() == &john_doe.last_name.get());
  // true
```

11.3　字符串的范围

如果我们调用 string::substring()，函数会返回一个全新构造的 string 对象吗？答案并不明确：如果我们想操作此函数返回的字符串[⊖]，那当然需要让 string::substring() 返回全新的 string 对象。但如果你希望 substring() 返回值的改动能影响原始的 string 对象呢？一些编程语言（如 Swift 和 Rust）显式地以起止范围的形式返回子串，这也是享元

　　⊖　例如将字符串用于构造其他对象，或者将其作为参数传入某个函数，或者调用 std::string 的 find() 等函数，等等。——译者注

模式的一个实现，不但可以节省内存空间，还允许我们通过该范围操纵实际的底层对象。

C++ 中与字符串的范围相关的特性是 `string_view`，并且对于数组类型而言还有其他的变体——尽量避免拷贝数据！在 C++ 中，`string` 类型出现很久之后才有 `string_view` 特性，允许 `string` 类型的对象隐式地转换为 `string_view`，即

```
string s = "hello world!";
string_view sv = string_view(s).substr(0, 5);
```

我们将构建自己的非常简单的基于字符串范围的接口。假设在我们定义的类中已存储了一些文本格式的字符串，我们想要获取其中某一段范围的文本，并将其修改为大写字母的形式，这有点类似于文字处理器或者 IDE 做的事情。虽然可以直接在底层的文本数据上修改，但我们希望底层的原始文本数据保持不变，而只在使用流输出运算符的时候才将选定范围的文本改写为大写的形式。

11.3.1　幼稚解法

解决这个问题的一种非常愚蠢的方法是：定义一个大小与纯文本字符串长度相同的布尔数组，数组中每个元素标识文本串中的字符是否是大写。我们可以这样实现：

```
class FormattedText
{
  string plainText;
  bool *caps;
public:
  explicit FormattedText(const string& plainText)
    : plainText{plainText}
  {
    caps = new bool[plainText.length()];
  }
  ~FormattedText()
  {
    delete[] caps;
  }
};
```

我们可以定义一个工具函数，用于将指定范围的字符修改为大写形式：

```
void capitalize(int start, int end)
{
  for (int i = start; i <= end; ++i)
    caps[i] = true;
}
```

现在，我们可以定义流输出运算符，利用布尔数组辅助输出操作：

```cpp
friend ostream& operator<<(ostream& os,
  const FormattedText& obj)
{
  string s;
  for (int i = 0; i < obj.plainText.length(); ++i)
  {
    char c = obj.plainText[i];
    s += (obj.caps[i] ? toupper(c) : c);
  }
  return os << s;
}
```

别误会，这种方法是可以正常运行的：

```cpp
FormattedText ft("This is a brave new world");
ft.capitalize(10, 15);
cout << ft; // This is a BRAVE new world
```

不过，为每一个字符单独定义一个布尔值是一种很愚蠢的做法，其实只使用开始标记和结束标记就可以了。这种方法也很难扩展。想象一下，如果我们还想给文本加下划线或使其变为斜体，那么将引入更多的布尔数组，这会浪费更多内存空间！当然，布尔值确实支持一定程度的压缩（更不用说 `vector<bool>`！），但即便如此，这种方法也很浪费内存空间。

我们再次尝试使用享元模式。

11.3.2 享元实现

接下来，我们使用享元模式实现 `BetterFormattedText`。首先，定义外部类和嵌套的 `TextRange` 类，`TextRange` 恰好是我们的享元类：

```cpp
class BetterFormattedText
{
public:
  struct TextRange
  {
    int start, end;
    bool capitalize{false};
    // other options here, e.g. bold, italic, etc.
    // determine our range covers a particular position
    bool covers(int position) const
    {
      return position >= start && position <= end;
    }
  };
private:
  string plain_text;
```

```
vector<TextRange> formatting;
};
```

可以看到，TextRange 保存了它所指代的字符串的起止位置，并且还保存了格式化信息——是否想将这段文本改为大写，同样还可以有其他格式信息（如粗体、斜体等）。它只有一个成员函数 covers()，主要帮助我们确定是否需要将此格式应用于给定位置的字符。

BetterFormattedText 保存了 vector<TextRange>，并且可以根据需要构建新的 TextRange：

```
TextRange& get_range(int start, int end)
{
  formatting.emplace_back(TextRange{ start, end });
  return *formatting.rbegin();
}
```

这段代码完成了三件事情：

（1）构建了一个新的 TextRange 对象。

（2）将 TextRange 移动到 vector 中。

（3）函数返回了 vector 中最后一个 TextRange 对象的引用。

在上面的实现中，我们并没有真正检查重复的范围——这也符合基于享元模式节省空间的精神。

现在，我们为 BetterFormattedText 实现流输出运算符 operator<<：

```
friend ostream& operator<<(ostream& os,
  const BetterFormattedText& obj)
{
  string s;
  for (size_t i = 0; i < obj.plain_text.length(); i++)
  {
    auto c = obj.plain_text[i];
    for (const auto& rng : obj.formatting)
    {
      if (rng.covers(i) && rng.capitalize)
        c = toupper(c);
      s += c;
    }
  }
  return os << s;
}
```

现在，我们所要做的就是遍历每个字符，并检查当前字符是否在 TextRange 指定的范围内。如果在，则将具体操作应用于指定范围内的所有字符，在本例中，操作即将字符转换为大写形式。请注意，此设置允许各范围自由重叠。当然，在每个范围内进行这样的线性搜索是低效的，但我们还是会这么做，因为我们关心的是能否节约内存空间，而不是性能。

现在，我们使用刚刚构建的所有内容将同一个单词转换为大写形式，只不过现在使用了稍微不同但更灵活的 API：

```
BetterFormattedText bft("This is a brave new world");
bft.get_range(10, 15).capitalize = true;
cout << bft; // This is a BRAVE new world
```

11.4　总结

享元模式本质上是一种节约内存空间的技术。它的具体体现是多种多样的：有时会将享元类作为 API token 返回，以对该享元进行修改；有时候，享元是隐式的，隐藏在幕后——就像 User 示例一样，客户端并不知道程序中实际使用的享元。

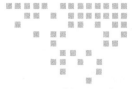

第 12 章　*Chapter 12*

代 理 模 式

在研究装饰器模式时，我们看到了强化对象功能的不同方法。代理（Proxy）模式也类似，但其目标是在提供某些内部强化功能的同时准确（或尽可能地）保留正在使用的 API。

代理模式不是一种同质的模式，因为人们构建的不同类型的代理相当多，并且服务于不同的目的。本章将介绍一些不同的代理对象，你可以在网上和文献中找到更多示例。

12.1　智能指针

智能指针是代理模式最简单而且最直接的展示。智能指针是一个包装类，其中封装了原始指针，同时维护着一个引用计数，并重载了部分运算符。但总体来说，智能指针提供了原始指针所具有的接口：

```
struct BankAccount
{
  void deposit(int amount) { ... }
};

BankAccount *ba = new BankAccount;
ba->deposit(123);
auto ba2 = make_shared<BankAccount>();
ba2->deposit(123); // same API!
```

所以在原始指针出现的位置，都可以使用智能指针。例如，在 if (ba) {…} 中，不论 ba 是智能指针还是原始指针，都是合法的。在两种情况下，*ba 都会解引用并返回指针实际指代的底层对象。

当然，二者之间也有差别。最明显的差异在于，对于智能指针，不必再调用 delete。除此之外，智能指针都尽可能地与原始指针的接口保持一致。

12.2　属性代理

在其他编程语言中，术语"属性"表示底层成员与该成员的 getter/setter 方法的组合。C++ 中没有内置属性的支持[⊖]；最常见的方法是创建一对与该属性成员名称类似的 get/set 方法。然而，这意味着如果要操作 x.foo，我们必须分别调用 x.get_foo() 和 x.set_foo(value)。但是，如果我们想继续使用属性成员的访问语法（即 x.foo），同时为其提供特定的访问器 / 修改器[⊖]，那么就可以构建一个**属性代理**。

本质上，属性代理是一个可以根据使用语义伪装为普通成员的类。我们可以这样定义它：

```cpp
template <typename T> struct Property
{
  T value;
  Property(const T initial_value)
  {
    *this = initial_value; // invokes operator =
  }
  operator T()
  {
    // perform some getter action
    return value;
  }
  T operator =(T new_value)
  {
    // perform some setter action
    return value = new_value;
  }
};
```

前面的实现在通常需要自定义（或直接替换）的位置添加了注释，这些注释的位置大致对应于 getter/setter 的位置。例如，一种可能的自定义实现是在 setter 中添加额外的通知（notify）代码，以便实现可观察的属性（根据观察者模式）。

本质上，类 Property<T> 是底层 T 类型的替代品，不管这个类型是什么。它仅仅是允许与 T 相互转换，让二者都在幕后使用 value 成员。现在，我们可以将普通类型替换为以下类型：

⊖　如果你对非标准 C++ 感兴趣，可以查阅一下许多现代编译器（包括 Clang、MSVC 和 GCC）中实现的 __declspec(property) 扩展。

⊖　访问器（accessor）和修改器（mutator）对应的分别是 get 和 set 性质的函数；前者是只读性质的函数，而后者则是只写性质的。这也是 C++ 类的封装特性的具体表现。——译者注

```
struct Creature
{
  Property<int> strength{ 10 };
  Property<int> agility{ 5 };
};
```

在属性成员上的典型操作也适用于属性代理类型：

```
Creature creature;
creature.agility = 20;      // calls Property<int>::operator =
auto x = creature.strength; // calls Property<int>::operator T
```

属性代理的一个可能扩展是引入伪强类型，可以使用 `Property<T, int Tag>`，以便使用不同类型定义具有不同作用的值。例如，如果我们希望在相似的类型上支持某种算法，以便可以将两个强度值相加，但强度值和敏捷度不能相加，那么这种方法非常有用。

12.3 虚拟代理

如果试图对 `nullptr` 或未初始化指针解引用，那么就是在自找麻烦。但是，在某些情况下，我们只希望在访问对象时再构造该对象，而不希望过早地为它分配内存，因此在实际使用它之前将其保持为 `nullptr` 或类似未初始化的状态。

这种方法称为**惰性实例化**（lazy instantiation）或**惰性加载**（lazy loading）。如果确切地知道哪些地方需要这种延迟行为，则可以提前计划并为它们制定特别的规定。但如果不知道，则可以构建一个代理，让该代理接受现有对象并使其成为惰性对象。我们称之为虚拟（virtual）代理，因为底层对象可能根本不存在，所以我们不是在访问具体的对象，而是在访问虚拟的对象。

想象一个典型的 `Image` 接口：

```
struct Image
{
  virtual void draw() = 0;
};
```

类 `Bitmap` 实现了 `Image` 接口，它的饿汉（eager）模式（与惰性模式相反）的实现将在构建时从文件加载图像，即使该图像实际上并不需要任何东西，例如：

```
struct Bitmap : Image
{
  Bitmap(const string& filename)
  {
    cout << "Loading image from " << filename << endl;
    // image gets loaded here
  }
```

```cpp
  void draw() override
  {
    cout << "Drawing image " << filename << endl;
  }
};
```

构建 **Bitmap** 的行为将触发加载图像的行为:

```cpp
Bitmap img{ "pokemon.png" }; // Loading image from pokemon.png
```

这并不是我们想要的。我们需要的是在调用 **draw()** 方法时才加载图像。现在,我们可以回到 **Bitmap**,并将它变为惰性(Lazy)模式,但要假设它是固定不变的且不可修改(或者说是不可继承的)。

在这种情况下,我们可以构建一个虚拟代理,让该代理聚合原始 **Bitmap**,提供相同的接口,并复用原始 **Bitmap** 的功能:

```cpp
struct LazyBitmap : Image
{
  LazyBitmap(const string& filename)
    : filename(filename) {}
  ~LazyBitmap() { delete bmp; }
  void draw() override
  {
    if (!bmp)
      bmp = new Bitmap(filename);
    bmp->draw();
  }
private:
  Bitmap *bmp{nullptr};
  string filename;
};
```

正如你所看到的,这个 **LazyBitmap** 的构造函数要轻量得多:它所做的只是存储要从中加载图像的文件名,仅此而已——图像不会立即加载。

所有神奇的事情都发生在 **draw()** 中:我们在 **draw()** 函数中检查 **bmp** 指针,以确认底层(饿汉式)**Bitmap** 对象是否已经构建。如果没有,则构造它,然后调用它的 **draw()** 函数来绘制图像。

现在,假设我们有某个使用 **Image** 类型的 API:

```cpp
void draw_image(Image& img)
{
  cout << "About to draw the image" << endl;
  img.draw();
  cout << "Done drawing the image" << endl;
}
```

我们可以传入 LazyBitmap 的实例化对象而不是 Bitmap 的实例化对象（多亏了多态机制！）来使用这个 API，以惰性加载的方式加载图像，并通过 LazyBitmap 的接口来渲染图像：

```
LazyBitmap img{ "pokemon.png" };
draw_image(img); // image loaded here

// About to draw the image
// Loading image from pokemon.png
// Drawing image pokemon.png
// Done drawing the image
```

如上所述，虚拟代理允许我们进行延迟加载！

12.4　通信代理

假设我们使用 Bar 类型的对象调用了成员函数 foo()。我们通常假设 Bar 与正在运行的代码在同一台机器上分配空间，同时也希望 Bar::foo() 在同一个进程中执行。

现在，假设我们决定将 Bar 及其所有成员移动到网络上的另一台机器上。但是我们仍然希望之前的代码能够正常工作！如果想让程序像以前一样继续正常执行，则需要一个**通信代理**，它是一个"位于物理通信线缆之上"的组件。当然，如果需要，它还可以收集程序的执行结果。

我们通过一个简单的 ping-pong 服务的实现来展示这样的场景。首先，定义一个接口：

```
struct Pingable
{
  virtual wstring ping(const wstring& message) = 0;
};
```

如果我们在进程内构建 ping-pong 服务，则可以按如下方式实现 Pong：

```
struct Pong : Pingable
{
  wstring ping(const wstring& message) override
  {
    return message + L" pong";
  }
};
```

总的来说，每次发起 Pong 服务，它会在消息的末尾加上单词"pong"，然后返回消息。请注意，这里没有使用 ostringstream&，而是在每次调用中生成新字符串：这个 API 很容易被复用为一个 Web 服务。

现在，我们可以尝试一下这种方式，看看它到底是如何工作的：

```
void tryit(Pingable& pp)
{
```

```
  wcout << pp.ping(L"ping") << "\n";
}

Pong pp;
for (int i = 0; i < 3; ++i)
{
  tryit(pp);
}
```

结果是打印了 3 次 "ping pong"，这正是我们预期的。

现在，假设我们决定将 Pingable 服务重新定位到很远的 Web 服务器上。也许你甚至决定使用其他平台，例如 ASP.NET，而不是 C++：

```
[Route("api/[controller]")]
public class PingPongController : Controller
{
  [HttpGet("{msg}")]
  public string Get(string msg)
  {
    return msg + " pong";
  }
} // achievement unlocked: use C# in a C++ book
```

通过这个设置，我们将构建一个名为 RemotePong 的通信代理，它将取代 Pong。微软的 REST SDK 在这里派上了用场[⊖]。

```
struct RemotePong : Pingable
{
  wstring ping(const wstring& message) override
  {
    wstring result;
    http_client client(U("http://localhost:9149/"));
    uri_builder builder(U("/api/pingpong/"));
    builder.append(message);
    pplx::task<wstring> task = client.request(
      methods::GET, builder.to_string())
      .then([=](http_response r)
      {
        return r.extract_string();
      });
    task.wait();
    return task.get();
  }
};
```

⊖ 微软 REST SDK 是一个用于 REST 服务的 C++ 库。它是跨平台的开源库，详见 Github：https://github.com/Microsoft/cpprestsdk。

如果不习惯使用 REST SDK，前面的代码可能看起来有点令人困惑；除了 REST 支持外，SDK 还使用了 Concurrency Runtime，这是一个用于并发支持的微软库。

基于这项技术，现在我们可以进行简单的修改：

```
RemotePong pp; // was Pong
for (int i = 0; i < 3; ++i)
{
  tryit(pp);
}
```

至此，我们可以得到相同的输出，但是实际的实现可以运行在世界上某个地方的 ASP. NET 的 Docker 容器中。

12.5　值代理

顾名思义，值代理是某个值的代理。值代理通常封装原语类型，并根据其用途提供增强的功能。

我们考虑需要将一些值传递到一个函数中的示例。该函数既可以接受具体的固定值，也可以在运行时从预定义数据集合中选择随机值。

一种方法是修改这个函数并引入几个重载函数，不过我们要修改函数的参数类型。接下来，我们引入一个辅助类 Value<T>：

```
template <typename T> struct Value
{
    virtual operator T() const = 0;
};
```

这个类只有一个纯虚函数，该函数负责执行隐式类型转换。只要编译器认为这种转换有用，就会将类型转换为 T 类型。

基于这个辅助类，我们引入一个代表常量值的类 Const<T>：

```
template <typename T> struct Const : Value<T>
{
  const T v;

  Const() : v{} {}
  Const(T v) : v{v} {}

  operator T() const override
  {
    return v;
  }
};
```

这个类充当类型 T 的包装类，并在需要时返回包含类型为 T 的值。还要注意，它的构造函数不是显式的。这意味着我们可以这样使用它：

```
const Const<int> life{42};
cout << life/2 << "\n"; // 21
```

类似地，我们可以继承 Value<T>，引入一个新的类，用于从一组不同的值中以相同的概率随机选择一个值：

```
template <typename T> struct OneOf : Value<T>
{
  vector<T> values;

  OneOf() : values{{T{}}} {} // :)
  OneOf(initializer_list<T> values) : values{values} {}

  operator T() const override
  {
    return values[rand() % values.size()];
  }
};
```

我们可以使用一组值初始化一个容器，并在需要时随机生成一个值：

```
OneOf<int> stuff{ 1, 3, 5 };
cout << stuff << "\n"; // will print 1, 3 or 5
```

现在，我们可以在应用程序中使用这些类型。例如，假设我们正在为应用程序 UI 测试一个新的主题。不过，你不确定用户是否会喜欢它。那么，我们可以定义一个函数，例如：

```
void draw_ui(const Value<bool>& use_dark_theme)
{
  if (use_dark_theme)
    cout << "Using dark theme\n";
  else
    cout << "Using normal theme\n";
}
```

当对应用程序做 A/B 测试时，可以使用如下的方式来调用这个函数：

```
OneOf<bool> dark{true, false};
draw_ui(dark);
```

一旦确认用户更喜欢该 UI 主题，只需要将这个变量替换为 Const 即可：

```
Const<bool> dark{true};
draw_ui(dark);
```

请注意，由于没有从 bool 到 const Value<bool>& 类型的隐式转换，所以目前我们不能直接调用 draw_ui(true)。

另一种方法是直接实现一个"正常"的函数：

```
void draw_ui(bool use_dark_theme)
{
  if (use_dark_theme)
    cout << "Using dark theme\n";
  else
    cout << "Using normal theme\n";
}
```

然后，在调用方指定入口参数即可：

```
OneOf<bool> dark{true, false};
draw_ui(dark);
// or
draw_ui(true);
```

两种方法的区别很明显。

在传递 Value 的引用的情况下，我们的操作需要遵循对象的层次结构；但在函数中，可以使用隐式转换多次生成值——每次调用时这些值可能会不同！

另外，在函数调用方使用 Value 意味着我们可以用诸如 true 的字面值替换它，而不会失去通用性。这种方法还遵循最小惊奇原则，因为任何将 Value<T> 视为参数类型的客户都不得不花费宝贵的时间来搜索这种类型的层次结构并学习如何使用它。

12.6　总结

本章展示了代理模式的部分案例。与装饰器模式不同，代理不会尝试通过添加新成员来扩展对象的功能——它所做的只是强化现有成员的潜在行为。代理主要作为一种替代品。

代理有许多不同的类型：

❑ **属性代理**是底层成员的替身，可以在分配或访问期间替换成员并执行其他操作。

❑ **虚拟代理**为底层对象提供虚拟访问的接口，并且实现了诸如惰性加载的功能。也许你感觉到似乎在和一个实际的对象打交道，但实际上底层的对象有可能尚未创建，它们会在真正需要的时候才创建或加载。

❑ **通信代理**允许在改变了对象的物理位置（例如，移动到了云上）的情况下使用同样的 API。

❑ **值代理**可以替换单个（标量）值，并为其赋予额外的功能。

除此之外，还有很多其他代理，我们自己构建的代理很可能不属于预先存在的类别，不过，它们会在我们的应用程序中执行具体而便捷的操作。

行为型设计模式

大多数人听说行为模式时，主要认为是心理学领域的行为模式，以及让人或动物按照指定的动作完成某个行为的想法。在某种程度上，所有的代码都是实现想实施的行为的程序，所以行为型设计模式涵盖了非常广泛的行为，这些行为在编程过程中十分常见。

想象一个软件工程领域的例子。程序语言的编译过程包括词法分析、语法分析和许多其他事情（见第 15 章），在为程序构建了抽象语法树（Abstract Syntax Tree，AST）之后，我们可能希望分析程序中可能存在的错误（见第 24 章）。所有这些非常常见的行为都可以用模式来表达，这就是这里讨论行为型设计模式的原因。

与创建型设计模式（只关注对象的创建）或结构型设计模式（涉及对象的组合/聚合/继承）不同，行为型设计模式并没有中心主题。虽然不同模式之间存在某些相似之处（例如，策略模式和模板方法模式以不同的方式做相同的事情），但大多数模式都提供了解决特定问题的独特方法。

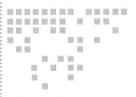

第 13 章

职责链模式

以一个公司舞弊案为例：内幕交易，即交易者被抓到利用内幕信息进行非法交易。谁该为此负责？如果管理层不知道，那就是交易者。但可能交易者的同事也参与其中，在这种情况下，部门管理者可能也需要为此负责。也许有相关的制度可以裁决这样的事情，在这种情况下，CEO 将承担责任。

这是职责链（Chain of Responsibility，CoR）的一个示例：系统中有多个不同的元素，它们可以一个接一个地处理消息。作为一个概念，它很容易实现，因为它所隐含的是使用列表。

13.1 预想方案

想象一款电子游戏，其中的每个生物都具有名字和两个特性值——攻击值（attack）和防御值（defense）：

```
struct Creature
{
  string name;
  int attack, defense;
  // constructor and << here
};
```

在游戏过程中，生物可能会获得一件物品（例如，一把魔法剑），也可能被施了魔法。在任何一种情况下，它的攻击值和防御值都会被 CreatureModifier(生物特性修改器) 修改。

此外，使用多个修改器的情况并不少见，因此我们需要能够将修改器堆叠在另一个修改器之上，允许它们按照添加的顺序应用。

我们来看如何实现这种功能。

13.2　指针链

我们将 `CreatureModifier` 实现如下：

```
class CreatureModifier
{
  CreatureModifier* next{nullptr};
protected:
  Creature& creature; // alternative: pointer or shared_ptr
public:
  explicit CreatureModifier(Creature& creature)
    : creature(creature) {}

  void add(CreatureModifier* cm)
  {
    if (next) next->add(cm);
    else next = cm;
  }

  virtual void handle()
  {
    if (next) next->handle(); // critical!
  }
};
```

这段代码中发生了很多事，我们来逐个讨论它们：

❑ 这个类的构造函数接收并保存一个 `Creature` 对象的引用，这个对象也就是 `CreatureModifier` 要修改的对象。

❑ 这个类做的工作不多，但它也并不是抽象类：它的所有接口都提供了实现。

❑ `next` 成员指向此成员之后的可选 `CreatureModifier` 对象。当然，这意味着它指向的修改器是 `CreatureModifier` 的派生类对象。

❑ 函数 `add()` 向修改器链添加另一个生物特性修改器。这个操作是递归的：如果 `next` 指向的修改器为 `nullptr`，那么将 `next` 指向即将添加的修改器；否则，我们将遍历整个链，直到将修改器添加到链的末端。

❑ 函数 `handle()` 只处理链中的下一项（如果存在的话）；它没有自己的行为。它是虚函数，这意味着它必须被覆写。

到目前为止，我们所拥有的只是一个简陋版本的在单链表中添加元素的实现。但当我们开始继承它时，整个层次结构将变得更加清晰。例如，下面的代码示范了如何定义使生物的攻击值翻倍的修改器：

```cpp
class DoubleAttackModifier : public CreatureModifier
{
public:
  explicit DoubleAttackModifier(Creature& creature)
    : CreatureModifier(creature) {}

  void handle() override
  {
    creature.attack *= 2;
    CreatureModifier::handle();
  }
};
```

好了，我们终于有进展了。这个修改器继承自 CreatureModifier，并且其 handle()
方法中会完成两件事：将攻击值翻倍，并调用基类的 handle()。第二件事很关键：使修
改器链发挥链式作用的唯一方法是每个继承者在自己的 handle() 实现结束时不要忘记调
用基类的 handle() 方法。

以下是另一个更加复杂的修改器。这个修改器使攻击值小于或等于 2 的生物的防御值
增加 1：

```cpp
class IncreaseDefenseModifier : public CreatureModifier
{
public:
  explicit IncreaseDefenseModifier(Creature& creature)
    : CreatureModifier(creature) {}

  void handle() override
  {
    if (creature.attack <= 2) creature.defense += 1;
    CreatureModifier::handle();
  }
};
```

同样，我们在 handle() 函数的结尾处调用了基类的 handle() 函数。总的来说，现
在我们可以定义一个生物对象，并将一系列修改应用到这个生物对象上：

```cpp
Creature goblin{ "Goblin", 1, 1 };
CreatureModifier root{ goblin };
DoubleAttackModifier r1{ goblin };
DoubleAttackModifier r1_2{ goblin };
IncreaseDefenseModifier r2{ goblin };

root.add(&r1);
root.add(&r1_2);
root.add(&r2);

root.handle();

cout << goblin << endl;
// name: Goblin attack: 4 defense: 1
```

可以看到，根据打印值，现在 Goblin 的攻击值为 4，防御值为 1，因为它的攻击值两次翻倍，而尽管添加了防御值修改器，但并没有影响最终的防御值。

还有一个让人惊奇的地方。假设我们决定对一个生物施加咒语，使其无法获得任何奖励。这容易吗？实际上非常简单，因为我们所要做的就是避免调用基类的 handle() 函数。这样可以避免执行整个链：

```
class NoBonusesModifier : public CreatureModifier
{
public:
  explicit NoBonusesModifier(Creature& creature)
    : CreatureModifier(creature) {}

  void handle() override
  {
    // nothing here!
  }
};
```

这样就完成了！现在，如果在链的开头插入 NoBonusesModifier，则其他的修改器将不会起作用。这就提出了一个关于如何处理职责链（CoR）的有趣观点。在大多数情况下，我们遇到的职责链都是单链表，通常在链表的末尾附加其他的项目元素。但在某些情况下，我们也可以自定义链表，例如，在某种 map<int, Modifier*> 或类似结构中按优先级对项目元素进行排序。

13.3　代理链

上面的指针链的示例是人为设计的。在现实世界中，我们希望生物能够更加灵活地增加或者减少属性值，这仅仅依靠在末尾附加项目的链表不足以完成。此外，我们不想永久性地修改生物底层的统计数据——相反只是想做一些临时修改。

实现职责链的一种方法是使用某个集中式组件。该组件可以将游戏中所有可用的修改器保留在列表中，并且可以通过确保应用所有相关的修改器操作来方便查询特定生物的攻击值或防御值。

我们将要构建的组件称为**事件代理**（event broker）。因为它与每个参与的组件连接，所以它代表了中介者模式，而且由于它通过事件响应查询，因此它利用了本书后面讨论的观察者模式。

我们开始吧！首先，我们定义一个名为 Game 的数据结构，使它代表一个正在进行的游戏：

```
struct Game // mediator
{
  signal<void(Query&)> queries;
};
```

我们使用 Boost.Signals2 库保存名为 queries 的信号。这样，我们就可以发射这个信号，并由对应的槽（监听组件）处理这个信号。但事件与查询生物的攻击值或防御值有什么关系呢？

假设我们想查询生物的统计数据。当然，我们可以尝试读取某个成员，但请记住，在知道最终值之前，我们需要应用所有修改器。因此，我们将把查询封装在单独的对象中（这是命令模式⊖），其定义如下：

```
struct Query
{
  string creature_name;
  enum Argument { attack, defense } argument;
  int result;
};
```

我们在这里完成的工作是将从某个生物中查询特定值的概念进行封装。要进行查询，我们需要提供该生物的名称，并指定感兴趣的统计数据。Game::queries 将构造和使用这个值（对该值的一个引用），对其应用修改器，并返回最终的值。

现在，我们继续讨论 Creature 的定义。这与我们之前的情况非常相似。唯一的区别是 Creature 中成员 game 变成了引用：

```
class Creature
{
  Game& game;
  int attack, defense;
public:
  string name;
  Creature(Game& game, ...) : game{game}, ... { ... }
  // other members here
};
```

请注意此时 attack 和 defense 都是私有成员。这意味着，要获取最终的攻击值，需要单独调用 getter 函数，例如：

```
int Creature::get_attack() const
{
  Query q{ name, Query::Argument::attack, attack };
  game.queries(q);
  return q.result;
}
```

这就是奇妙之处！我们所做的不是仅仅返回一个值或静态地应用一些基于指针的链，

⊖ 实际上，这里有点混乱。命令查询分离（Command Query Separation，CQS）理念建议将操作分离为命令（命令改变状态且不产生值）和查询（只产生值而不改变任何内容）。GoF 没有查询的概念，因此我们将任何封装到组件的指令称为命令。

而是使用正确的参数创建一个 Query 对象, 然后将该查询发送给订阅了 Game::queries 的组件来处理。每个订阅组件都有机会修改这个攻击值。

现在, 我们来实现修改器。同样, 我们将创建一个基类, 但这一次, 它没有 handle() 方法:

```cpp
class CreatureModifier
{
  Game& game;
  Creature& creature;
public:
  CreatureModifier(Game& game, Creature& creature)
    : game(game), creature(creature) {}
};
```

这个修改器基类不是特别有趣。事实上, 我们完全可以不用它, 因为它所做的只是确保使用正确的参数调用构造函数。但既然已经使用了这种方法, 我们就继承 CreatureModifier 看看如何进行实际的修改:

```cpp
class DoubleAttackModifier : public CreatureModifier
{
  connection conn;
public:
  DoubleAttackModifier(Game& game, Creature& creature)
    : CreatureModifier(game, creature)
  {
    conn = game.queries.connect([&](Query& q)
    {
      if (q.creature_name == creature.name &&
        q.argument == Query::Argument::attack)
        q.result *= 2;
    });
  }

  ~DoubleAttackModifier() { conn.disconnect(); }
};
```

所有的神奇之处都发生在构造函数 (和析构函数) 中, 不需要其他方法。在构造函数中, 我们使用 Game 引用来捕获 Game::queries 信号并连接到它, 在 lambda 函数中将攻击值翻倍。当然, 在 lambda 函数中必须做一些检查: 我们需要确保操作的是正确的生物 (我们通过比较名称进行确认), 并且将要修改的统计数据是攻击值 (attack)。这两条信息都保存在 Query 引用对象中, 我们修改后的结果值也保存在这个引用对象中。

还需要注意保存信号连接, 以便在对象销毁时断开连接。这样, 我们就可以临时应用修改器, 并在修改器对象退出作用域时使其失效。

综合上述内容, 我们可以编写如下的应用代码:

```
Game game;
Creature goblin{ game, "Strong Goblin", 2, 2 };
cout << goblin;
// name: Strong Goblin attack: 2 defense: 2
{
  DoubleAttackModifier dam{ game, goblin };
  cout << goblin;
  // name: Strong Goblin attack: 4 defense: 2
}
cout << goblin;
// name: Strong Goblin attack: 2 defense: 2
```

这儿发生了什么？在被修改之前，goblin 的攻击值为 2，防御值为 2。然后，我们用花括号限定了一个局部作用域，在这个作用域内，goblin 受 DoubleAttackModifier 的影响。所以在这个作用域内，goblin 的数据被更改，攻击值变为 4，防御值仍为 2。一旦退出作用域，DoubleAttackModifier 的析构函数就会被触发，从而断开它与代理的连接，因此在查询值时不再影响它们。goblin 再次变成攻击值为 2、防御值为 2 的生物。

13.4　总结

职责链模式是一种非常简单的设计模式，允许组件依次处理命令（或查询）。职责链最简单的实现只需要维护一个指针链。理论上，如果想快速删除链上的对象，也可以用普通的 vector 或者 list 来代替指针链。

代理链的实现则更加复杂，它利用了中介者模式和观察者模式，允许通过事件（信号）处理查询，让每个订阅者在将查询值返回给用户之前对最初传递的值（它是贯穿整个链的单个引用）进行修改。

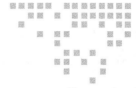

命令模式

考虑一个简单的变量赋值命令，例如 **meaningOfLife = 42**。变量被赋值了，但并没有任何记录表示该变量被赋值了。没有人能给出之前的值，也无法将之前的赋值序列化到某个地方（存储起来）。这是有问题的，因为没有对修改操作做记录，我们无法回滚到以前的值，无法执行审核操作或基于历史的调试[⊖]。

命令（Command）模式并不通过类提供的 API 直接处理对象，而是向它们发送**命令**：关于如何做、做什么的指令。命令只不过是一个数据结构，其成员描述了要做什么、如何做。我们来看一个典型的场景。

14.1 预想方案

我们尝试模拟一个典型的银行账户，它有余额和透支限额。我们将实现函数 deposit() 和 withdraw()：

```
struct BankAccount
{
  int balance = 0;
  int overdraft_limit = -500;

  void deposit(int amount)
  {
    balance += amount;
    cout << "deposited " << amount << ", balance is now " <<
      balance << "\n";
```

⊖ 有专门的历史调试工具，比如 Visual Studio 的 IntelliTrace。

```
  }
  void withdraw(int amount)
  {
    if (balance - amount >= overdraft_limit)
    {
      balance -= amount;
      cout << "withdrew " << amount << ", balance is now " <<
        balance << "\n";
    }
  }
};
```

当然，现在我们可以直接调用这些成员函数。出于审计的目的，假设我们需要记录每一笔存取款交易。但我们不能直接在 BankAccount 内部记录这些信息，因为我们已经完成了 BankAccount 类的设计、实现和测试（猜猜为什么）。

14.2　实现命令模式

首先，我们将为命令定义一个接口。

```
struct Command
{
  virtual void call() const = 0;
};
```

有了这个接口，我们就可以定义 BankAccountCommand，BankAccountCommand 封装了银行账户相关操作的信息：

```
struct BankAccountCommand : Command
{
  BankAccount& account;
  enum Action { deposit, withdraw } action;
  int amount;

  BankAccountCommand(BankAccount& account, const Action action,
    const int amount)
    : account(account), action(action), amount(amount) {}
```

BankAccountCommand 中包含的信息有：

❑ 被操作的银行账户。

❑ 对银行账户采取的操作；操作类别和表示该操作的变量都在一行枚举声明中完成。

❑ 存款或取款的总额。

只要用户提供了这些信息，我们就可以进行相关的存取款操作：

```
void call() const override
{
  switch (action)
  {
  case deposit:
    account.deposit(amount);
    break;
  case withdraw:
    account.withdraw(amount);
    break;
  }
}
```

通过这种方法，我们可以创建命令，然后通过命令对账户进行修改：

```
BankAccount ba;
Command cmd{ba, BankAccountCommand::deposit, 100};
cmd.call();
```

这段代码将在账户 ba 上存入 100 美元。太简单了！如果担心我们向外界暴露了原始的 deposit() 和 withdraw() 接口，则可以将它们设置为私有成员函数，然后将 BankAccount-Command 指定为友元类。

14.3　撤销操作

由于命令封装了有关 BankAccount 改动的所有信息，因此可以回滚该改动，并将其目标对象返回到以前的状态。

首先，我们需要确定是否要将相关的撤销操作放到 Command 接口中。为了简洁起见，我将在 Command 接口中实现撤销操作；但总的来说，这是一个设计决策，需要尊重本书开头讨论的接口隔离原则。例如，如果能预见到某些命令不再被修改，并且不受撤销机制的约束，那么将 Command 划分为 Callable 和 Undoable 两部分可能是有意义的。

以下是更新后的 Command（注意，这里特意从函数中删除了 const）：

```
struct Command
{
  virtual void call() = 0;
  virtual void undo() = 0;
};
```

以下是 BankAccountCommand::undo() 接口的一个简单实现，其假设存款和取款是对称的操作（并不正确，但程序能够正常工作）：

```
void undo() override
{
```

```
switch (action)
{
case withdraw:
  account.deposit(amount);
  break;
case deposit:
  account.withdraw(amount);
  break;
}
}
```

为什么这个实现有问题呢？因为如果试图提取相当于发达国家 GDP 的金额，那么不会成功，但当回滚交易时，我们无法判别之前的提取操作是否失败了！

为了获取这个信息，我们修改 withdraw() 函数，让它返回一个成功标识：

```
bool withdraw(int amount)
{
  if (balance - amount >= overdraft_limit)
  {
    balance -= amount;
    cout << "withdrew " << amount << ", balance now " <<
      balance << "\n";
    return true;
  }
  return false;
}
```

这样就好多了！现在，我们可以修改 BankAccountCommand 类，让它完成两件事情：

❑ 当取款交易完成时，设置一个成功的标识。

❑ 当 undo() 被调用时，使用这个标识。

例如：

```
struct BankAccountCommand : Command
{
  ...
  bool withdrawal_succeeded;

  BankAccountCommand(BankAccount& account, const Action action,
    const int amount)
    : ..., withdrawal_succeeded{false} {}

  void call() override
  {
    switch (action)
    {
      ...
      case withdraw:
```

```
      withdrawal_succeeded = account.withdraw(amount);
      break;
    }
  }
}
```

现在知道为什么我们要把 Command 的成员中的 const 移除了吗？既然我们要为成员变量 withdrawal_succeeded 赋值，就不能将 call() 函数声明为常量（const）。虽然可以为 undo() 函数保留 const，不过也没什么额外的好处。

有了这个标识，我们就可以改进 undo() 函数的实现：

```
void undo() override
{
  switch (action)
  {
  case withdraw:
    if (withdrawal_succeeded)
      account.deposit(amount);
    break;
    ...
  }
}
```

好了，我们可以以一致的方式撤销取款命令了。

当然，这个示例只是为了说明，除了存储有关要执行的操作的信息外，命令还可以存储一些中间信息，这些信息对审计之类的事情很有用：如果检测到连续 100 次失败的取款操作，则可以尝试调查是否存在潜在的黑客行为。

14.4 复合命令

将存款从 A 账户转移到 B 账户可以用以下两个命令模拟：

（1）从 A 账户中取出 X 美元；

（2）将 X 美元存入 B 账户。

如果可以创建并调用封装了上述两个命令的单个命令，而不必分别创建和调用两个命令，就更好了。这也是我们即将讨论的复合命令模式的本质。

我们首先定义复合命令的框架。我们将继承自 vector<BankAccountCommand>——这可能会有问题，因为 std::vector 没有虚析构函数，但在本例中这不是问题。所以这里给出一个非常简单的定义：

```
struct CompositeBankAccountCommand :
vector<BankAccountCommand>, Command
{
  CompositeBankAccountCommand(const initializer_list<value_
```

```
type>& items)
  : vector<BankAccountCommand>(items) {}
void call() override
{
  for (auto& cmd : *this)
    cmd.call();
}
void undo() override
{
  for (auto it = rbegin(); it != rend(); ++it)
    it->undo();
}
};
```

CompositeBankAccountCommand 既是 vector 对象，也是 Command 对象，这也符合复合命令模式的定义。我们添加了一个带有初始化列表（非常有用！）的构造函数，并实现了 undo() 和 redo() 两个函数。请注意，undo() 函数以相反顺序遍历并处理 vector 中的命令；希望我不必解释为什么需要这么做了。

那么如何定义用于转移资金的复合命令呢？这里将其定义如下：

```
struct MoneyTransferCommand : CompositeBankAccountCommand
{
  MoneyTransferCommand(BankAccount& from,
    BankAccount& to, int amount) :
    CompositeBankAccountCommand
    {
      BankAccountCommand{from, BankAccountCommand::withdraw,
      amount},
      BankAccountCommand{to, BankAccountCommand::deposit,
      amount}
    } {}
};
```

我们复用基类的构造函数来初始化包含两个命令的对象，然后复用基类的 call()/undo() 函数的实现。

等等，这不对吧？基类的实现并没有完全解决这个问题，因为它们没有考虑操作失败的场景。如果不能从 A 账户取钱，那么也不应该把钱存到 B 账户；整个链上的命令都应该自动取消。

为了解决这个问题，我们需要做更多的修改：

❑ 在 Command 中添加一个 succeeded 标识。

❑ 记录每次操作是成功还是失败。

❑ 确保每个成功执行的操作都可以被撤销。

❑ 引入一个名为 DependentCompositeCommand 的新中间类，该类在实际回滚命令时非常谨慎。

在调用每个命令时，我们只在前一个命令成功时才继续调用当前的命令；否则，只需将 succeeded 标识设置为 false。

```cpp
void call() override
{
  bool ok = true;
  for (auto& cmd : *this)
  {
    if (ok)
    {
      cmd.call();
      ok = cmd.succeeded;
    }
    else
    {
      cmd.succeeded = false;
    }
  }
}
```

没有必要覆写 undo() 接口，因为每个命令都会检查自己的 succeeded 标识，并且只有在 succeeded 标识为 true 的时候才会执行撤销操作。图 14-1 对各个命令类进行了总结。

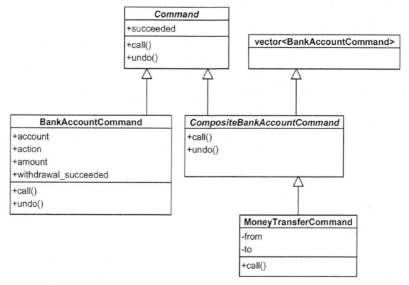

图 14-1　复合命令类关系图

我们可以想象一种更严格的机制，其中复合命令只有在它包含的所有命令都成功的情况下才会成功（试想一次资金转移过程，其中取款成功，但存款失败——你想让它成功吗？）——这实现起来有点困难，这里把它作为练习留给读者。

本节的目的是展示当考虑到现实世界的业务需求时，如何基于简单的单个命令的方法处理更加复杂的场景。

14.5　命令查询分离

命令查询分离（Command Query Separation，CQS）指系统中的操作大概分为以下两类：

❏ **命令**，即系统执行某些使状态发生变化的操作的指令，但不产生任何值；

❏ **查询**，即获取信息的请求，它会产生值但不会改变状态。

为便于外界读或写而直接暴露其状态的对象，都可以隐藏其状态（声明为私有的即可），然后，不再实现 getter 和 setter 方法，而是提供一个单独的接口。假设我们有一个 Creature，它有两种属性，分别是 strength 和 agility。我们可以这样定义它：

```cpp
class Creature
{
  int strength, agility;
public:
  Creature(int strength, int agility)
    : strength{strength}, agility{agility} {}

  void process_command(const CreatureCommand& cc);
  int process_query(const CreatureQuery& q) const;
};
```

可以看到，这里没有 getter 和 setter，但提供了两个（只有两个！）API，即 process_command() 和 process_query()，它们负责与 Creature 对象的所有交互操作。Creature 与 CreatureAbility 枚举类定义如下：

```cpp
enum class CreatureAbility { strength, agility };

struct CreatureCommand
{
  enum Action { set, increaseBy, decreaseBy } action;
  CreatureAbility ability;
  int amount;
};

struct CreatureQuery
{
  CreatureAbility ability;
};
```

可以看到，上述定义的命令描述了要修改哪个成员、如何修改以及修改量是多少。查询对象只需要指定查询的内容，假设查询的结果由函数返回，而不是在此查询对象内部设置（如果其他查询对象会影响这个查询结果，那么应改为在查询对象内部设置查询结果）。

以下是 `process_command()` 函数的定义：

```
void Creature::process_command(const CreatureCommand &cc)
{
  int* ability;
  switch (cc.ability)
  {
    case CreatureAbility::strength:
      ability = &strength;
      break;
    case CreatureAbility::agility:
      ability = &agility;
      break;
  }
  switch (cc.action)
  {
    case CreatureCommand::set:
      *ability = cc.amount;
      break;
    case CreatureCommand::increaseBy:
      *ability += cc.amount;
      break;
    case CreatureCommand::decreaseBy:
      *ability -= cc.amount;
      break;
  }
}
```

以下是更加简洁的 `process_query()` 函数的定义：

```
int Creature::process_query(const CreatureQuery &q) const
{
  switch (q.ability)
  {
    case CreatureAbility::strength: return strength;
    case CreatureAbility::agility: return agility;
  }
  return 0;
}
```

如果想要记录或持久化这些命令和查询，那么无论是否需要这样做，也只需要在两个位置[○]记录即可。唯一的问题是，如果用户想以熟悉的方式使用这些 API 操作对象，难度有多大！

　○　即上述两个接口处。——译者注

幸运的是，如果我们愿意的话，可以随时定义 getter/setter 方法。它们只需使用适当的参数调用 `process_` 方法即可：

```
void Creature::set_strength(int value)
{
  process_command(CreatureCommand{
    CreatureCommand::set, CreatureAbility::strength, value
  });
}

int Creature::get_strength() const
{
  return process_query(CreatureQuery{CreatureAbility::strength});
}
```

诚然，这是一个非常简单的例子，说明了在执行 CQS 的系统中实际发生了什么，但它展示了将对象内的所有接口拆分为命令和查询两个部分的操作方法。

14.6　总结

命令模式很简单。该模式大体上表明，可以将操作指令封装为一个特殊的对象，用于对象彼此之间的通信，而不是将这些指令指定为函数的参数。

有时，我们不希望使用某个对象修改目标，也不希望让目标做一些特定的事情；相反，我们希望使用这个对象从目标中获取某些信息。在这些场景中，我们把这样的对象称为"查询"对象。然而，在大多数情况下，查询动作不会改变对象，而仅仅依赖于方法的返回类型；但在有的场景（例如，参见 13.3 节的代理链示例）中，我们希望查询方法返回的结果可以被其他组件修改，但组件本身不会被修改，只有查询返回的结果被修改。

命令模式广泛应用于 UI 系统中，可将典型的操作（例如复制或粘贴操作）封装为命令，允许通过多种不同的方式调用单个命令。例如，可以使用顶层的应用程序菜单、工具栏上的按钮或键盘快捷键进行复制。最后，这些操作可以组合成宏指令——可以被记录和任意重用的操作序列。

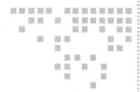

第 15 章　*Chapter 15*

解释器模式

解释器（Interpreter）模式的目标是解释输入，尤其是文本格式的输入——不过，公平地说，这其实并不重要。解释器的概念与编译原理以及各大学教授的类似的课程直接相关。我们没有足够的篇幅来深入研究不同类型的解析器的复杂性以及诸如此类的知识，所以本章只简单地展示一些我们想要解释的类型的示例。

以下是一些显而易见的示例：

- 需要将数字字面值（如 42 或 1.234e12）进行解释，才能高效地以二进制形式存储。在 C++ 中，这些操作都通过 C 语言 API——如 stof()——和更高级的库（如 Boost.LexicalCast）来完成。
- 正则表达式可以在文本中查找特定模式，但它属于独立的嵌入式领域专用语言（Domain Specific Language, DSL）。自然而然，在使用正则表达式之前，我们需要对其进行解释。
- 无论是 CSV、XML、JSON，还是其他更加复杂的格式，结构化数据在使用之前均需要解释。
- 在解释器应用的巅峰时期，我们拥有成熟的编程语言。毕竟，C 或 Python 等语言的编译器或解释器在生成可执行文件之前必须真正理解语言。

考虑到与解释器相关的案例的多样性以及解释器可延伸至各个领域，我们将简单地探讨一些示例，展示如何构建解释器：要么从头开始开发解释器，要么利用库来帮助我们完成工业规模级的解释器。

15.1　解析整数

数字解析是算法交易系统开发人员要优化（重新设计）的关键操作。标准库提供的默认实现非常灵活,可以处理许多不同的数字格式。但在现实生活中,股票市场通常使用单一的统一格式(例如正整数)提供数据,牺牲数据格式的灵活性以提升性能,从而创建更快(数量级的提升)的解析器。

我们以函数 atoi() 为例。这个函数非常强大,不仅可以解析字符串 "12345",还可以完成下面的事情:

❑ 验证有效性,如果不能将输入的字符串解析为数字,则返回错误信息。

❑ 解析带前缀 0(如 007)或带前缀加号(如 +88)的数字。

❑ 解析带小数点的数字(即使它们本身就是整数)。

❑ 检查数字是否超过所能表示的最大值或最小值。

另一个类似的函数 stoi() 使用了异常机制,所以当解析到无效的数据时不会出现没有定义的行为。

这样的处理方式是极好的,不过如果我们能够预见到数据总是有效的,而且一定会落在某个范围的时候,这样的处理方式完全是不必要的。因此,我们可以避开各种华丽的处理方式,编写如下代码来定义一个函数:

```cpp
int better_atoi(const char* str)
{
  int val{0};
  while(*str) {
    val = val*10 + (*str++ - '0');
  }
  return val;
}
```

在我使用的机器上,相较于调用系统函数,这个函数的性能提升了 5 倍。我想你也认可,对于这个零成本的实现,这是一个极大的性能提升!

在算法交易系统中,使用的真实整数解析函数可以提供纳秒级的性能,与标准的 atoi() 调用相比,性能提高了 25 倍。要实现如此优异性能提升的函数的实现,单纯依靠 C++ 本身是不够的,这迫使我们深入操作系统底层,挖掘 SIMD(Single Instruction Multiple Data,单指令多数据流,能够复制多个操作数,并把它们打包在大型寄存器的一组指令集。)的本质⊖。

15.2 数值表达式求值

本节将解析非常简单的数学表达式,比如 3+(5-4),也就是说,本节限制数学表达式

⊖ 如果你正在尝试改进一个函数,不论是某些系统函数、第三方库的函数,还是自己原来设计的函数,如果要想得到如此优异的性能提升(5 倍,甚至 25 倍),单纯依靠 C++ 语言本身,是难以达到的。因为 C++ 的某些函数的底层,实际上也是一些通用的系统函数(如 C 函数)。我们需要深入到操作系统原理和计算机指令集,基于指令集层面的原理优化 C++ 函数设计与实现。——译者注

仅使用加法、减法和圆括号。我们需要开发一个程序，让它读取这样的表达式，并计算表达式的最终值。

我们将手动构建计算器，不借助任何解析器框架。这可以展示解析文本输入过程中所涉及的复杂性。

15.2.1　词法分析

解释表达式的第一步叫作词法分析，它将字符序列转换为**标记**（token）序列。标记通常是原始的语法元素，我们最终应获得一个标记序列。在本例中，标记可以是：

❑　一个整数；

❑　一个运算符（加号或者减号）；

❑　左括号或右括号。

因此，我们可以定义以下结构：

```
struct Token
{
  enum Type { integer, plus, minus, lparen, rparen } type;
  string text;

  explicit Token(Type type, const string& text)
    : type{type}, text{text} {}

  friend ostream& operator<<(ostream& os, const Token& obj)
  {
    return os << "`" << obj.text << "`";
  }
};
```

可以看到，`Token` 不是枚举类型的，因为除了标记类型本身，我们还希望 `Token` 能保存与标记类型相关的文本，即使这个文本并不总是预定义的。在这个特殊的示例中，我们将标记保存为 `string` 类型，而如果假设标记仅在输入时存在，并且不会被修改，那么我们可以使用 `string_view`。

现在，输入一个包含表达式的字符串，我们可以定义一个将文本输入转换为 `vector<Token>` 的词法解析过程：

```
vector<Token> lex(const string& input)
{
  vector<Token> result;

  for (int i = 0; i < input.size(); ++i)
  {
    switch (input[i])
    {
    case '+':
      result.emplace_back(Token::plus, "+");
```

```
        break;
    case '-':
      result.emplace_back(Token::minus, "-");
      break;
    case '(':
      result.emplace_back(Token::lparen, "(");
      break;
    case ')':
      result.emplace_back(Token::rparen, ")");
      break;
    default:
      // number ???
    }
  }
}
```

解析预定义的标记，这很简单。事实上，我们可以用映射的形式来表示：

```
map<BinaryOperation::Type, char>
```

这可以简化我们的工作。但解析数字则没那么容易。在解析过程中，如果遇到"1"，则应该看下一个字符是什么。为了解析数字，我们定义一个单独的例程：

```
ostringstream buffer;
buffer << input[i];
for (int j = i + 1; j < input.size(); ++j)
{
  if (isdigit(input[j]))
  {
    buffer << input[j];
    ++i;
  }
  else
  {
    result.emplace_back(Token::integer, buffer.str());
    buffer.str("");
    break;
  }
}
if (auto str = buffer.str(); str.length() > 0)
  result.emplace_back(Token::integer, str);
```

这个例程的本质是，持续从输入的字符串中读取（输送）数字，并将它们添加到缓冲区（`buffer`）。完成后，从整个缓冲区中生成一个标记，并将其添加到作为结果的 `vector` 中：这可能发生在遇到非数字的符号（如括号）时，也可能发生在到达输入末尾时。

15.2.2　语法分析

语法分析过程是将标记（Token）序列翻译为有实际意义的、通常是面向对象的数据结构的过程。在顶层，定义一个元素簇的抽象基类是很有用的：

```
struct Element
{
  virtual int eval() const = 0;
};
```

这个类型的 `eval()` 函数计算该元素的数值。接下来，我们可以创建一个用于存储整数值（例如 1、5 或 42）的元素：

```
struct Integer : Element
{
  int value;

  explicit Integer(const int value)
    : value(value) {}

  int eval() const override { return value; }
};
```

然后，我们需要定义诸如加法或减法操作。在本例中，所有的操作都是二元的，即一个操作含有两个部分。例如，`2+3` 可以用伪代码 `BinaryOperation{Literal{2}, Literal{3}, addition}` 来表示：

```
struct BinaryOperation : Element
{
  enum Type { addition, subtraction } type;
  shared_ptr<Element> lhs, rhs;

  int eval() const override
  {
    if (type == addition)
      return lhs->eval() + rhs->eval();
    return lhs->eval() - rhs->eval();
  }
};
```

请注意，前面的代码中使用的是 `enum` 而不是 `enum class`，所以之后我们可以编写 `BinaryOperation::addition` 这样的代码。

但无论如何，还是要继续语法分析过程。我们需要做的就是把 Token 序列转换成一个表达式的二叉树。在开始时，它可以如下表示：

```
shared_ptr<Element> parse(const vector<Token>& tokens)
{
  auto result = make_unique<BinaryOperation>();
```

```
bool have_lhs = false; // this will need some explaining :)
for (size_t i = 0; i < tokens.size(); i++)
{
  auto token = tokens[i];
  switch(token.type)
  {
    // process each of the tokens in turn
  }
}
return result;
}
```

我们需要讨论的是变量 have_lhs。请记住，我们想要得到的是一棵"树"，在"树根"上，我们期望得到一个二元表达式（BinaryExpression），根据定义，它有左右两边。但是当我们遇到一个数字时，如何知道它是表达式的左边还是右边？是的，我们无法知道，这就是为什么我们要跟踪这个变量。

现在，我们来逐一分析这些问题。首先，对于整数，它们直接映射到 Integer 结构，所以我们要做的就是把文本转换成数字。（顺便说一句，如果愿意，我们也可以在词法解析阶段这样做。）

```
case Token::integer:
{
  int value = boost::lexical_cast<int>(token.text);
  auto integer = make_shared<Integer>(value);
  if (!have_lhs) {
    result->lhs = integer;
    have_lhs = true;
  }
  else result->rhs = integer;
}
```

加号（plus）和减号（minus）标记决定了我们当前处理的运算的类型，这很简单：

```
case Token::plus:
  result->type = BinaryOperation::addition;
  break;
case Token::minus:
  result->type = BinaryOperation::subtraction;
  break;
```

然后是左括号。是的，这里只考虑左括号，不需要明确地检测到右括号。我们的想法很简单：找到右括号（这里忽略嵌套括号），则撕下整个子表达式，并递归地调用 parse() 解析它，然后将其设置为当前表达式的左侧或右侧：

```
case Token::lparen:
{
```

```
    int j = i;
    for (; j < tokens.size(); ++j)
      if (tokens[j].type == Token::rparen)
        break; // found it!

    vector<Token> subexpression(&tokens[i + 1], &tokens[j]);
    auto element = parse(subexpression);
    if (!have_lhs)
    {
      result->lhs = element;
      have_lhs = true;
    }
    else result->rhs = element;
    i = j; // advance
  }
```

在实际开发过程中，我们可能希望有更安全的处理过程：不仅要处理嵌套的括号（我认为这是必需的），还要处理缺少右括号的错误表达式。如果真的没有右括号，要如何处理？抛出异常，还是假设右括号在最后，然后试着继续分析其余部分？或者采用其他办法？所有这些问题都留给读者自行探讨。

从 C++ 本身的经验来看，我们知道针对解析过程中的错误生成有意义的错误消息是非常困难的。事实上，你会发现一种叫作"跳过"（skipping）的现象。毫无疑问，词法分析器会尝试跳过不正确的代码，直到它遇到有意义的字符；正是这种方法被静态分析工具所采用，当用户输入代码时，这些工具可以正确地处理不完整的代码。

15.2.3　使用词法分析器和语法分析器

使用 `lex()` 和 `parse()` 的实现，我们可以解析数学表达式并计算其最终值：

```
string input{ "(13-4)-(12+1)" };
auto tokens = lex(input);
auto parsed = parse(tokens);
cout << input << " = " << parsed->eval() << endl;
// prints "(13-4)-(12+1) = -4"
```

15.3　使用 Boost.Spirit 解析

在现实世界中，除非涉及 SIMD 之类的微观优化，否则几乎没有人会手动实现解析器来处理复杂的事情。当然，如果我们正在解析 XML 或 JSON 等"常规"数据存储格式，那么手动实现解析器很容易。但是，如果我们正在实现自己的 DSL（Domain Specific Language，领域特定语言）或编程语言，这不是一个好的选择。

Boost.Spirit 是一个通过提供简洁（尽管不是特别直观）的 API 来帮助创建解析器的库。

该库并没有显式地将词法分析阶段和语法分析阶段分离（除非你真的想这样做），它允许你自定义将文本结构映射到所定义类型的对象的方式。

接下来，我们展示一些使用 Boost.Spirit 与 Tlön 编程语言[注]的示例。

15.3.1 抽象语法树

首先，我们需要使用 AST（Abstract Syntax Tree，抽象语法树）。在这方面，我们只是创建了一个支持访问者模式的基类，因为遍历这些结构非常重要：

```
struct ast_element
{
  virtual ~ast_element() = default;
  virtual void accept(ast_element_visitor& visitor) = 0;
};
```

这个接口可用来在我们自己设计的语言中定义不同的代码结构，例如：

```
struct property : ast_element
{
  vector<wstring> names;
  type_specification type;
  bool is_constant{ false };
  wstring default_value;

  void accept(ast_element_visitor& visitor) override
  {
    visitor.visit(*this);
  }
};
```

property 的定义包含 4 个成员，均具有公共访问权限。请注意，property 中使用了类型 type_specification，它是另一种 ast_element。

AST 的每一个类都需要适配 Boost.Fusion——另一个支持编译时（元编程）和运行时算法融合（因此得名）的 Boost 库。适配代码非常简单：

```
BOOST_FUSION_ADAPT_STRUCT(
  tlön::property,
  (vector<wstring>, names),
  (tlön::type_specification, type),
  (bool, is_constant),
  (wstring, default_value)
)
```

Spirit 在解析常见数据类型（如 std::vector 或 std::optional）时没有问题。在

⊖ Tlön 是一种玩具语言，我构建它是为了说明"如果你不喜欢现有的语言，那就构建一种新的语言"。它使用 Boost.Spirit 和交叉编译转换成 C++。它是开源的，见 https://github.com/nesteruk/tlon。

解析多态性数据时确实有更多问题：相比使 AST 类型之间相互继承，Spirit 更喜欢使用 `variant`，即

```
typedef variant<function_body, property, function_signature>
class_member;
```

15.3.2　语法分析器

Boost.Spirit 让我们将语法分析器定义为一组规则。所使用的语法与正则表达式或 BNF 表示法非常相似，只是运算符放在符号之前，而不是之后。下面是一个示例规则：

```
class_declaration_rule %=
  lit(L"class ") >> +(alnum) % '.'
  >> -(lit(L"(") >> -parameter_declaration_rule % ',' >>
  lit(")"))
  >> "{"
  >> *(function_body_rule | property_rule | function_signature_rule)
  >> "}";
```

上述规则要求类的声明以单词 `class` 开头，然后是一个或多个以 "`.`" 分隔开的单词（每个单词由一个或多个数字或字母表示的字符组成，因此是 `+(alnum)`）——这就是 `%` 运算符的用途。你可能已经猜到，应用上述规则产生的结果将映射到 `vector` 中。随后，在花括号之后，可以紧跟着 0 个或多个函数定义、属性或者函数签名——这些成员将被映射到我们之前使用 `variant` 定义的对应成员中。

当然，某些元素是整个 AST 元素层次结构的"根"。在我们的示例中，这个"根"被称为文件（`file`），这里提供了一个函数，它可以解析文件并巧妙地打印出来：

```
template<typename TLanguagePrinter, typename Iterator>
wstring parse(Iterator first, Iterator last)
{
  using spirit::qi::phrase_parse;

  file f;
  file_parser<wstring::const_iterator> fp{};
  auto b = phrase_parse(first, last, fp, space, f);
  if (b)
  {
    return TLanguagePrinter{}.pretty_print(f);
  }
  return wstring(L"FAIL");
}
```

类型 `TLanguagePrinter` 本质上是一个访问者，它知道如何使用特定的语言（比如 C++）表达 AST。

15.3.3 打印器

解析完语言后，我们可能想要编译它，或者像本例中那样将它转换成其他语言。考虑到之前已在整个 AST 层次结构中实现了 `accept()` 方法，这是相当容易的。

唯一的挑战是如何处理 `variant` 类型，因为它们需要特殊的访问者。如果使用 `std::variant`，那么需要的是 `std::visit()`。但由于我们使用的是 `boost::variant`，因此要调用的函数是 `boost::accept_visitor()`。这个函数需要传入一个继承自 `static_visitor` 类的实例，并为每个可能的类型提供函数调用运算符的重载实现。下面是一个例子：

```
struct default_value_visitor : static_visitor<>
{
  cpp_printer& printer;

  explicit default_value_visitor(cpp_printer& printer)
    : printer{printer} {}

  void operator()(const basic_type& bt) const
  {
    // for a scalar value, we just dump its default
    printer.buffer << printer.default_value_for(bt.name);
  }

  void operator()(const tuple_signature& ts) const
  {
    for (auto& e : ts.elements)
    {
      this->operator()(e.type);
      printer.buffer << ", ";
    }
    printer.backtrack(2);
  }
};
```

接下来只需要调用 `accept_visitor(foo, default_value_visitor{…})`，然后根据 `variant` 中实际存储的对象的类型，调用对应的重载函数。

15.4 总结

相对而言，解释器模式有点不太常见——如今，构建解释器被认为没有什么挑战性，我认为这也是它被许多大学的计算机科学课程删除的原因。此外，除非你计划从事语言设计或制作静态代码分析工具的工作，否则不太可能发现构建解释器的技能需求非常高。

　　这就是说，解释器主题是计算机科学的一个完全独立的领域，仅凭本书的一个章节无法完整且合理地论述它。如果你对这个主题感兴趣，建议查看一些框架，比如 Lex/Yacc、ANTLR，以及许多其他专门针对词法分析器和解析器结构的框架。此外，建议大家为流行的 IDE 编写静态分析插件——这是一个很不错的实践，它可以让你了解真正的 AST 是什么样子的，以及它们是如何被遍历和修改的。

Chapter 16 第 16 章

迭代器模式

只要处理复杂的数据结构，都会遇到**遍历**问题。这可以用不同的方式来处理，但是最常见的遍历方式是使用一种叫作迭代器的对象。

迭代器非常简单，它是一个对象，可以指向集合中的元素，并且知道如何移动到集合中的下一个元素。因此，只需要实现 ++ 运算符和 != 运算符即可（这样就可以比较两个迭代器并检查它们是否指向相同的对象）。

C++ 标准库大量使用迭代器，因此我们将讨论这些迭代器的使用方式，然后探讨如何制作自己的迭代器以及迭代器的限制。

16.1　标准库中的迭代器

假设有一组名字，例如：

```
vector<string> names{ "john", "jane", "jill", "jack" };
```

如果想从 names 集合中获取第一个名字，则可以调用名为 begin() 的函数。该函数不会以值或引用的方式将集合中的首个名字返回，而是返回一个迭代器：

```
vector<string>::iterator it = names.begin(); // begin(names)
```

函数 begin() 既是 vector 的成员函数，也是一个全局函数。全局 begin() 函数十分有用，尤其是对数组类型（注意，是 C 风格的数组，而不是 std::array），因为 C 风格的数组不能拥有成员函数。

我们可以将 begin() 函数返回的迭代器看作指针：对于 vector 这个示例，可以将 vector::begin() 函数返回的迭代器当作指针。例如，我们可以将此迭代器解引用，并打印该迭代器所指代的实际名字：

```
cout << "first name is " << *it << "\n";
// first name is john
```

我们得到的迭代器知道如何前进，也就是说，它知道如何移动到下一个元素。"++"代表的是向前移动，这与指针代指内存地址时 "++" 表示增加内存偏移的情况不同。

```
++it; // now points to jane
```

我们也可以使用迭代器修改其代指的元素（与指针的操作方式相同）：

```
it->append(" goodall"s);
cout << "second name is " << *it << "\n";
// second name is jane goodall
```

现在，与 begin() 对应的迭代器当然是 end()，但它并不指向集合中的最后一个元素——相反，它指向最后一个元素后面的位置。请看以下简单图示：

```
        1 2 3 4
begin() ^        ^ end()
```

我们可以使用 end() 函数作为结束的条件。例如，我们使用迭代器变量 it 打印剩余的名字：

```
while (++it != names.end())
{
  cout << "another name: " << *it << "\n";
}
// another name: jill
// another name: jack
```

除了 begin() 和 end()，还有 rbegin() 和 rend() 函数，这两个迭代器允许我们从集合的末端往前遍历。在这种情况下，rbegin() 指向最后一个元素，而 rend() 指向第一个元素前面的位置。

```
for (auto ri = rbegin(names); ri != rend(names); ++ri)
{
  cout << *ri;
  if (ri + 1 != rend(names)) // iterator arithmetic
    cout << ", ";
}
cout << endl;
// jack, jill, jane goodall, john
```

有两点值得一提。首先，即使我们从 vector 的末尾开始遍历，在迭代器上仍旧要使用 ++ 运算符。其次，我们可以在迭代器上做数学运算：ri + 1 代表 ri 之前的一个元素，

而不是 **ri** 之后的那个元素。

我们可以使用常量迭代器，常量迭代器不允许修改其指向的元素对象：常量迭代器通过调用 **cbegin()/cend()** 函数得到，当然，对于逆序遍历，常量迭代器通过 **crbegin()/crend()** 函数得到。

```
vector<string>::const_reverse_iterator jack = crbegin(names);
// won't work
*jack += " reacher";
```

最后，值得一提的是，现代 C++ 中，range-based for loop 是一种从容器的起始处（**begin()**）开始迭代直到达到末端（**end()**）的遍历方式：

```
for (auto& name : names)
  cout << "name = " << name << "\n";
```

请注意，在这里迭代器会自动解引用：变量 **name** 是引用类型，不过也可以按值进行迭代。

16.2　遍历二叉树

接下来，我们探讨计算机科学领域中的一个经典问题：遍历二叉树。首先，我们将定义树的节点：

```
template <typename T> struct Node
{
  T value;
  Node<T> *left{nullptr};
  Node<T> *right{nullptr};
  Node<T> *parent{nullptr};
  BinaryTree<T>* tree{nullptr};
};
```

每个节点包含指向其 **left** 分支和 **right** 分支的指针，指向其父节点（如果有的话）的指针，以及指向整个树的指针。节点可以自行构造，也可以通过其子节点构造：

```
explicit Node(const T& value)
  : value(value) {}

Node(const T& value, Node<T>* const left, Node<T>* const right)
  : value{value}, left{left}, right{right}
{
  this->left->tree = this->right->tree = tree;
  this->left->parent = this->right->parent = this;
}
```

最后，我们引入一个工具成员函数 **set_tree()**。它首先设置 tree 指针，然后访问节点 **t** 的左右子节点，并通过左右子节点调用 **set_tree()**，递归地设置 **tree** 指针：

```
void set_tree(BinaryTree<T>* t)
{
  tree = t;
  if (left) left->set_tree(t);
  if (right) right->set_tree(t);
}
```

有了以上定义后，我们就可以定义 **BinaryTree**——正是这个数据结构允许我们遍历二叉树：

```
template <typename T> struct BinaryTree
{
  Node<T>* root = nullptr;

  explicit BinaryTree(Node<T>* const root)
    : root{ root }
  {
    root->set_tree(this);
  }
};
```

现在，我们可以为树定义迭代器。遍历二叉树有 3 种常见的方法，我们首先要实现的是前序遍历方法：

- ❏ 只要遇到元素，就返回它。
- ❏ 递归地遍历其左子树。
- ❏ 递归地遍历其右子树。

我们首先定义构造函数：

```
template <typename U>
struct PreOrderIterator
{
  Node<U>* current;

  explicit PreOrderIterator(Node<U>* current)
    : current{current} {}

  // other members here
};
```

我们需要定义运算符 **!=**，用以与其他迭代器做比较。由于我们的迭代器行为像指针，所以这个函数很简单：

```
bool operator!=(const PreOrderIterator<U>& other)
{
  return current != other.current;
}
```

同样，我们需要定义运算符 ***** 以进行解引用：

```
Node<U>& operator*() { return *current; }
```

接下来是比较难的部分：遍历二叉树。挑战在于，我们不能设计递归的算法——请记住，我们要用运算符 ++ 实现遍历，所以我们将遍历函数实现为：

```
PreOrderIterator<U>& operator++()
{
  if (current->right)
  {
    current = current->right;
    while (current->left)
      current = current->left;
  }
  else
  {
    Node<T>* p = current->parent;
    while (p && current == p->right)
    {
      current = p;
      p = p->parent;
    }
    current = p;
  }
  return *this;
}
```

这太混乱了！它看起来一点也不像遍历二叉树的经典实现，这是因为我们没有使用递归方法。我们一会儿再谈这个问题。

现在剩下最后一个问题：如何为 **BinaryTree** 提供上面的迭代器？如果将其作为二叉树的默认迭代器，那么可以按照如下方式来遍历二叉树的成员：

```
typedef PreOrderIterator<T> iterator;

iterator begin()
{
  Node<T>* n = root;

  if (n)
    while (n->left)
      n = n->left;
  return iterator{ n };
}

iterator end()
{
  return iterator{ nullptr };
}
```

值得注意的是，在 begin() 函数中，迭代并不是从二叉树的根节点开始的。相反，它从树的最左非空节点开始遍历。

现在已万事俱备，以下代码展示了如何遍历二叉树：

```
BinaryTree<string> family{
  new Node<string>{"me",
    new Node<string>{"mother",
      new Node<string>{"mother's mother"},
      new Node<string>{"mother's father"}
    },
    new Node<string>{"father"}
  }
};
for (auto it = family.begin(); it != family.end(); ++it)
{
  cout << (*it)->value << "\n";
}
```

我们也可以将这种形式的遍历暴露为一个单独的对象，即：

```
class pre_order_traversal
{
  BinaryTree<T>& tree;
public:
  pre_order_traversal(BinaryTree<T>& tree) : tree{tree} {}
  iterator begin() { return tree.begin(); }
  iterator end() { return tree.end(); }
} pre_order;
```

然后按照下面的方式使用它：

```
for (const auto& it: family.pre_order)
{
  cout << it.value << "\n";
}
```

类似地，我们可以定义 in_order 和 post_order 遍历算法，为二叉树提供合适的迭代器。

16.3　使用协程的迭代

不幸的是，在我们的遍历代码中，运算符 ++ 可读性很差，与维基百科上关于树遍历的任何内容都不匹配⊖。之前的代码虽然可以正常运行，那是因为我们预先将迭代器初始化为

⊖　https://en.wikipedia.org/wiki/Tree_traversal。

二叉树的最左非空节点而不是根节点，这也是代码中很奇怪的一个点。

之所以出现这个问题是因为 ++ 运算符函数不可恢复：它不能在多个调用之间保持堆栈，因此不可能实现递归过程。现在，是否有一种机制可以进行适当递归过程的可恢复的函数？这正是**协程**的作用。

协程是 C++20 的新特性。头文件 **<coroutine>** 提供了对协程的支持，但对生成器的支持目前并不是标准库的一部分。因此，我们可能需要找到或者检查编译器是否已经附带对生成器的支持。例如，当使用 MSVC 时，可以在 **<experimental/generator>** 头文件中找到类型 **generator<T>** 的实现。

使用协程，我们可以实现对二叉树的后序遍历：

```
generator<Node<T>*> post_order_impl(Node<T>* node) const
{
  if (node)
  {
    for (auto x : post_order_impl(node->left))
      co_yield x;
    for (auto y : post_order_impl(node->right))
      co_yield y;

    co_yield node;
  }
}
generator<Node<T>*> post_order() const
{
  return post_order_impl(root);
}
```

这不是很棒吗？算法终于具备可读性了！此外，我们看不到 begin()/end()：只是返回了一个 generator，这是一种专门设计的类型，用来逐个返回使用 co_yield 传递给它的值。在生成每个值之后，我们可以挂起执行并进行其他任务（例如，打印值），然后在原有上下文环境下恢复迭代操作。这就是使递归过程成为可能的原因，并允许我们编写以下代码：

```
for (auto it: family.post_order())
{
  cout << it->value << endl;
}
```

协程是 C++ 的未来，它解决了传统迭代器在许多场合中不适用的问题。

16.4　总结

在 C++ 中，迭代器模式无所不在（例如，基于某类型的容器的起止范围的迭代），不论是以显式的形式还是以隐式的形式。不同的对象使用不同类型的迭代器：例如，反向迭代器可能应用于 vector，但不适用于单链表。

实现自己的迭代器非常简单，只需提供 ++ 和 != 运算符的实现即可。大多数迭代器只是指针类型的包装器，用于遍历集合对象。

协程解决了迭代器中存在的一些问题：它们允许在多个调用之间保留状态——其他语言（例如 C#）很久以前就已经实现了这一点。因此，协程允许我们编写递归算法，这些算法需要逐个生成值，并在多个调用之间保留迭代器的相关上下文。

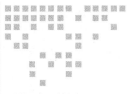

中介者模式

我们编写的大部分代码都有不同的组件（类），它们通过直接引用或指针相互通信。但是，在某些情况下，我们不希望对象知道彼此的存在。有时，也许我们确实希望它们相互了解，但不希望它们通过指针或引用进行通信，因为这些指针或引用可能会失效，并且我们最不希望看到的就是对 nullptr 解引用。

中介者（Mediator）模式是一种使不同组件之间通信更加便利的机制。自然，参与其中的每个组件都可以访问中介者，这意味着它要么是一个全局静态变量，要么是一个注入每个组件中的引用。

17.1 聊天室

一般的网络聊天室就是中介者模式的经典示例，所以在讨论更复杂的示例之前，我们先实现一个聊天室。

聊天室成员的最简单的实现可以定义为：

```
struct Person
{
  string name;
  ChatRoom* room{nullptr};
  vector<string> chat_log;

  Person(const string& name);

  void receive(const string& origin, const string& message);
  void say(const string& message) const;
  void pm(const string& who, const string& message) const;
};
```

Person 对象拥有用户 ID（name）、聊天日志（chat_log），以及指向其所在聊天室（ChatRoom）的指针。我们定义了 1 个构造函数和 3 个成员函数，3 个成员函数分别是：

❑ receive() 函数用于接收消息。通常，这个函数会将接收的消息显示在用户屏幕上，并将消息添加到聊天日志中。请注意，不同的用户可以有不同的聊天日志。

❑ say() 函数允许用户向聊天室中的每个成员广播消息。

❑ pm() 函数是用于私聊的函数，使用时必须指定私聊对象的 name。

函数 say() 和 pm() 均是用于聊天室中的消息转发操作。说到这里，接下来我们来实现 ChatRoom——它并不复杂：

```
struct ChatRoom
{
  vector<Person*> people; // assume append-only

  void join(Person* p);
  void broadcast(const string& origin, const string& message);
  void message(const string& origin, const string& who,
    const string& message);
};
```

具体是使用指针、引用，还是 shared_ptr 来存储聊天室中的成员，这最终由你自己决定：唯一的限制是 vector<> 不能存储引用。在这里，我决定使用指针。ChatRoom 的 API 十分简单：

❑ join() 函数用于将用户加入聊天室。我们不准备实现 leave() 函数，而是将这个函数的实现推迟到本章的下一个示例。

❑ broadcast() 函数将消息发送给除本人以外的所有聊天成员。

❑ message() 函数用于在私聊时发送消息。

函数 join() 的实现如下：

```
void ChatRoom::join(Person* p)
{
  string join_msg = p->name + " joins the chat";
  broadcast("room", join_msg);
  p->room = this;
  people.push_back(p);
}
```

就像经典的 IRC 聊天室一样，我们会向聊天室里的每个成员广播有新成员加入的消息。本例中的 origin 指定为"房间"，而不是加入其中的人。然后，我们设置该成员的 room 指针，并将其添加到房间中的 people 列表中。

现在，我们来看 broadcast() 成员函数。该函数负责向聊天室中的每个成员发送消息。请记住，每个成员都通过自己的 Person::receive() 函数来处理消息，因此实现起来有些琐碎：

```
void ChatRoom::broadcast(const string& origin, const string&
message)
{
  for (auto p : people)
```

```
    if (p->name != origin)
      p->receive(origin, message);
  }
```

是否要阻止广播信息被转发给我们自己，这是一个争论点，但是这里将主动避开它。不过，聊天室里的其他成员都能够收到消息。

最后是私聊接口 message() 的实现：

```
void ChatRoom::message(const string& origin,
  const string& who, const string& message)
{
  auto target = find_if(begin(people), end(people),
    [&](const Person* p) { return p->name == who; });
  if (target != end(people))
  {
    (*target)->receive(origin, message);
  }
}
```

该函数在列表 people 中搜索收件人，如果找到收件人（收件人可能已经离开了房间），则将消息发送给此人。

回到 Person 类的设计，Person 类的接口 say() 和 pm() 的实现：

```
void Person::say(const string& message) const
{
  room->broadcast(name, message);
}

void Person::pm(const string& who, const string& message) const
{
  room->message(name, who, message);
}
```

receive() 函数负责将接收到的消息显示在屏幕上，并将其添加到聊天日志中。

```
void Person::receive(const string& origin, const string&
message)
{
  string s{ origin + ": \"" + message + "\"" };
  cout << "[" << name << "'s chat session] " << s << "\n";
  chat_log.emplace_back(s);
}
```

这个函数的功能更丰富，不仅可以显示消息来自哪个用户，还可以显示当前所在的聊天会话——这将有助于判断谁说了什么、什么时候说的。

下面是我们将要经历的场景：

```
ChatRoom room;

Person john{ "john" };
```

```
Person jane{ "jane" };
room.join(&john);
room.join(&jane);
john.say("hi room");
jane.say("oh, hey john");

Person simon("simon");
room.join(&simon);
simon.say("hi everyone!");

jane.pm("simon", "glad you could join us, simon");
```

下面是这段程序的输出：

```
[john's chat session] room: "jane joins the chat"
[jane's chat session] john: "hi room"
[john's chat session] jane: "oh, hey john"
[john's chat session] room: "simon joins the chat"
[jane's chat session] room: "simon joins the chat"
[john's chat session] simon: "hi everyone!"
[jane's chat session] simon: "hi everyone!"
[simon's chat session] jane: "glad you could join us, simon"
```

图 17-1 以视图的方式展示了这个聊天室中的调用时序。

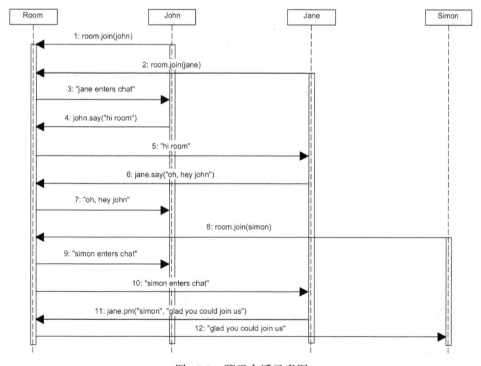

图 17-1　聊天会话示意图

17.2 中介者与事件

在聊天室的示例中，我们碰到了一个一直存在的问题：任何时候，每当有人发布消息，参与者都需要接收通知。对于观察者模式（见第 20 章）来说，这似乎是一个完美的场景：中介者拥有一个由所有参与者共享的事件；然后，参与者可以订阅这个事件以接收通知，同时他们还可以引发某个事件，从而触发所谓的通知。

事件没有内置于 C++ 中（不像 C#），所以我们将使用库作为解决方案来进行演示。Boost.Signals2 为我们提供了必要的功能，尽管术语略有不同：我们通常使用术语"信号"（生成通知的对象）和"槽"（处理通知的函数）。

与其再次实现一个聊天室，不如用一个更简单的例子：想象一场足球比赛，场上有足球运动员和教练。当教练看到他们的球队得分时，自然想祝贺球员。当然，他们需要一些关于比赛的信息，比如谁进的球，到目前为止他们进了多少球。

首先，我们为任一类型的事件数据定义一个基类：

```cpp
struct EventData
{
  virtual ~EventData() = default;
  virtual void print() const = 0;
};
```

这里添加了 **print()** 函数，因此每个事件都可以打印到命令行中。同时，也添加了虚析构函数。现在，我们可以继承这个基类，定义一些与目标相关的具体的数据类型：

```cpp
struct PlayerScoredData : EventData
{
  string player_name;
  int goals_scored_so_far;

  PlayerScoredData(const string& player_name,
    const int goals_scored_so_far)
    : player_name(player_name),
      goals_scored_so_far(goals_scored_so_far) {}
  void print() const override
  {
    cout << player_name << " has scored! (their "
      << goals_scored_so_far << " goal)" << "\n";
  }
};
```

接下来我们要再次构建中介者，不过它将不会有任何行为！基于已有的事件驱动的基础设施，我们也不必再定义其他行为：

```cpp
struct Game
{
```

```
signal<void(EventData*)> events; // observer
};
```

事实上，Game 类只有一个数据成员，我们完全不必定义这个类，而只需要定义一个全局的 signal 变量。但我们要遵循最小惊奇原则，如果将 Game& 注入某个组件中，就可以很清晰地知道其中的依赖关系。

现在，我们可以构建 Player 类。Player 的成员包括运动员的姓名、在比赛中的进球数，以及对中介者 Game 的引用：

```
struct Player
{
  string name;
  int goals_scored = 0;
  Game& game;

  Player(const string& name, Game& game)
    : name(name), game(game) {}

  void score()
  {
    goals_scored++;
    PlayerScoredData ps{name, goals_scored};
    game.events(&ps);
  }
};
```

Player::score() 是个很有意思的函数：它创建了一个 PlayerScoredData 对象，并使用 events 信号传递给所有的订阅者。谁会接收到这个事件呢？当然是教练（Coach）：

```
struct Coach
{
  Game& game;
  explicit Coach(Game& game) : game(game)
  {
    // celebrate if player has scored <3 goals
    game.events.connect([](EventData* e)
    {
      PlayerScoredData* ps = dynamic_
      cast<PlayerScoredData*>(e);
      if (ps && ps->goals_scored_so_far < 3)
      {
        cout << "coach says: well done, " << ps->player_name
          << "\n";
      }
    });
  }
};
```

Coach 类的实现很简单；不需要给出教练的名字。但我们确实给它提供了一个构造函数，在这个构造函数中创建了对 game.events 的订阅，以便无论何时接收到通知，Coach 对象都可以在提供的 lambda（槽函数）中处理事件数据。

请注意，lambda 的参数类型是 EventData*——我们不知道球员是否得分或被罚下，所以我们需要用 dynamic_cast（或类似机制）来确定是否得到了正确的类型。

有趣的是，事件和通知在设置阶段就已完成：没有必要为特定的信号显式地分配槽函数。客户端可以自由地使用构造函数创建对象，然后，当球员得分时，发送通知：

```
Game game;
Player player{ "Sam", game };
Coach coach{ game };

player.score();
player.score();
player.score(); // ignored by coach
```

这段代码会产生如下的输出：

```
coach says: well done, Sam
coach says: well done, Sam
```

上述代码仅有两行输出，因为在进第三个球时，教练已经习以为常，以至于无动于衷了。

17.3　中介者服务总线

我们对中介者的讨论本质上都集中在同步实现上：当一个组件生成某个事件时，同一线程的另一个组件将处理它。在现实世界中，并不是这样运作的。例如，在聊天室中，聊天室的参与者位于处于世界上不同的地方，而聊天室本身则托管在某个中央服务器上。参与者在不同的进程中异步发送消息和接收回复。

在实践中，我们通常采用一种双向通信形式，它利用的功能比编程语言本身提供的功能多得多。例如，对于互联网上的通信，可以使用 WebSockets 实现，WebSockets 是一种通过 TCP 连接提供全双工（即双向）通信通道的机制。在企业的消息交换系统中，中介者将利用底层技术发送消息，如 MSMQ（Microsoft Message Queuing）、Azure Service Bus 或类似的技术。

一旦采用异步通信方式，就会遇到另一个问题：如何知道消息已经传递？在同步通信的示例中，我们可以确定消息已经发送完成，但在发送消息的设置中，需要一个确保消息**持久性**的机制：换句话说，需要确保即使在断电导致一些聊天成员被强制下线的情况下，这条信息仍然存在于某个地方，并且会一直存在，直到处理这条消息的人重新上线。这可以通过诸如 Transactional Message Queuing 等单独的机制来保证。

当然，有时候我们根本不必在乎。如果已经发送出去的消息石沉大海，那只能怪运气不好喽！

17.4　总结

中介者模式本质上提出引入中间组件，使系统中的每个成员都引用该中间组件，并通过它来相互通信。与直接的内存地址不同，通信可以通过标识符（用户名、唯一的 ID 等）进行。

中介者最简单的实现是一个成员列表和一个函数，该函数遍历列表并执行它想要执行的操作——无论是在列表的每个元素上还是选择性地执行。

更复杂的中介者实现可以使用事件来允许参与者订阅（和取消订阅）系统中发生的事情。这样，从一个组件发送到另一个组件的消息可以被视为事件。在这种设置中，如果参与者对某些活动不再感兴趣或者即将完全离开系统，那么取消订阅也很容易。

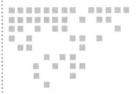

Chapter 18 第 18 章

备忘录模式

探讨命令模式时，我们注意到，从理论上讲，将每一次修改记录到一个列表中可以让我们将系统回滚到任何时间点——毕竟已经记录了所有的修改。

不过，有时候，我们并不关心系统会回滚到哪一次修改前的具体状态，而是关心如果必要的话，是否能够将系统回滚到特定的状态。

这正是 Memento（备忘录）模式所做的：它存储系统的历史状态，最终生成一个没有任何其他行为的只读 Token 对象。这个 Token 可以将系统返回到指定的原先保存的某个状态。

18.1 银行账户

我们以之前提到的银行账户为例：

```
class BankAccount
{
  const int balance = 0;
public:
  explicit BankAccount(const int balance)
    : balance(balance) {}
```

这次我们只为 BankAccount 设计一个接口，即 deposit()。与之前设计的 void 返回类型不同，这次 deposit() 接口的返回类型是 Memento：

```
Memento deposit(int amount)
{
  balance += amount;
  return { balance };
}
```

并且返回的 Memento 可以将银行账户回滚到之前的状态：

```
void restore(const Memento& m)
{
  balance = m.balance;
}
```

至于 Memento 类本身，我们可以提供一个简单的实现：

```
class Memento final
{
  int balance;
public:
  Memento(int balance)
    : balance(balance) {}
  friend class BankAccount;
};
```

需要指出两点：

❑ Memento 类是不可修改的。试想一下，如果可以修改账户余额，那么可能会回滚到一个之前从未记录过的账户状态！

❑ Memento 类将 BankAccount 类声明为友元类，因此 Memento 可以访问 BankAccount 的 balance 成员。另一种方法是将 Memento 声明为 BankAccount 的内部类。

下面演示如何使用这种设置：

```
void memento()
{
  BankAccount ba{ 100 };
  auto m1 = ba.deposit(50);
  auto m2 = ba.deposit(25);
  cout << ba << "\n"; // Balance: 175

  // undo to m1
  ba.restore(m1);
  cout << ba << "\n"; // Balance: 150

  // redo
  ba.restore(m2);
  cout << ba << "\n"; // Balance: 175
}
```

这个实现已经足够好了，尽管还缺少一些东西。例如，永远不会得到开户时的余额，因为构造函数没有返回值。虽然可以在里面放一个指针，但看起来有点难看。

18.2　撤销功能和恢复功能

如果要将 BankAccount 生成的每一个 Memento 对象保存起来，该如何操作？在这种场景中，将需要实现与命令模式相似的功能，即撤销和恢复，这也是备忘录模式的意外的收获。接下来，我们来看 Memento 类如何实现撤销功能和恢复功能。

我们将引入一个新的银行账户类 BankAccount2，它将保存由其生成的每一个 Memento：

```cpp
class BankAccount2 // supports undo/redo
{
  int balance = 0;
  vector<shared_ptr<Memento>> changes;
  int current;
public:
  explicit BankAccount2(const int balance) : balance(balance)
  {
    changes.emplace_back(make_shared<Memento>(balance));
    current = 0;
  }
```

现在，我们已经解决了恢复到初始余额的问题：开户时的余额状态也会被存储。当然，这个 Memento 对象实际上并没有被返回，所以为了回滚到它，你可以实现 reset() 函数或其他方法——这完全由你自己决定。

在前面的代码中，我们使用 shared_ptr 存储 Memento 对象，也使用 shared_ptr 返回它们。此外，我们将 current 作为到 changes 列表的指针。这样，如果我们确实决定撤销并回滚到前一步，就可以随时恢复到刚才的状态。

以下是 deposit() 接口的实现：

```cpp
shared_ptr<Memento> deposit(int amount)
{
  balance += amount;
  auto m = make_shared<Memento>(balance);
  changes.push_back(m);
  ++current;
  return m;
}
```

现在有趣的事情来了（顺便说一下，我们仍在使用 BankAccount2 的成员）。基于 Memento 对象，我们添加了一种恢复账户状态的方法：

```cpp
void restore(const shared_ptr<Memento>& m)
{
  if (m)
  {
    balance = m->balance;
    changes.push_back(m);
    current = changes.size() - 1;
  }
}
```

这个 restore() 方法与之前的方法有很大不同。首先，我们检查 shared_ptr 是否已初始化——这是有意义的，因为我们现在有一种不触发任何操作的方法：仅返回默认值。此外，当我们恢复到某一个备忘录时，我们实际上会将该 Memento 对象推入 changes 列表，这样撤销操作就可以正确地对其进行操作。

下面是 undo() 的实现（相当棘手）：

```
shared_ptr<Memento> undo()
{
  if (current > 0)
  {
    --current;
    auto m = changes[current];
    balance = m->balance;
    return m;
  }
  return{};
}
```

我们仅在 current 大于 0 的时候才进行撤销操作。当 current 大于 0 时，我们将 current 回滚，获取到 current 当前指向的 Memento 对象，并通过 Memento 对象恢复余额状态，然后返回该 Memento 对象。如果不能回滚到前一个备忘录的状态，那么直接返回一个默认构造的 shared_ptr，这也是我们在 restore() 函数中判断 shared_ptr 是否已初始化的依据。

类似地，redo() 函数的实现如下：

```
shared_ptr<Memento> redo()
{
  if (current + 1 < changes.size())
  {
    ++current;
    auto m = changes[current];
    balance = m->balance;
    return m;
  }
  return{};
}
```

同样，redo 操作需要做一些检查：如果可以恢复，则安全地恢复；如果不能，则不做任何操作，直接返回一个空指针。综上，现在我们可以使用撤销和恢复功能了：

```
BankAccount2 ba{ 100 };
ba.deposit(50);
ba.deposit(25); // balance = 175
cout << ba << "\n";

ba.undo();
cout << "Undo 1: " << ba << "\n"; // Undo 1: 150
```

```
ba.undo();
cout << "Undo 2: " << ba << "\n"; // Undo 2: 100
ba.redo();
cout << "Redo 2: " << ba << "\n"; // Redo 2: 150
ba.undo(); // back to 100 again
```

18.3　内存注意事项

我们的简化版示例只演示了只保存一个变量（账户余额）的场景。在现实世界中，一个对象可能有多种状态，因此在存储可能有无限多的对象状态快照时，我们需要考虑内存方面的因素。

一个非常简单的想法是用有限大小的循环缓冲区替换之前使用的 **vector**。例如，以下的成员声明将仅存储对账户的 5 个最新的更改，当有后续更改时，它将直接覆盖最旧的更改：

```
class BankAccount3 // limited undo/redo
{
  boost::circular_buffer<shared_ptr<Memento>> changes{5};
  // as before
};
```

奇怪的是，当使用智能指针时，这种方法不会干扰客户将账户状态恢复到早期状态（即使是没有存储在有限大小的缓冲区中的状态）的能力。

18.4　使用备忘录进行交互操作

如果要在不同的编程语言中使用 C++ 库，最简单的解决方案是通过动态库提供全局 C/C++ 函数，然后使用合适的桥接技术——例如 Java Native Interface（JNI）或 .NET Platform Invocation Services（P/Invoke）——调用这些函数。

如果想要来回传递简单的几个比特的数据，例如数字或数组，这其实不是问题。例如 .NET 具有固定[⊖]（pinning）数组并将其发送到本机端进行处理的功能。大多数情况下，它都很好用。

当在 C++ 库的内部为面向对象的结构（例如类）分配内存，并将其返回给调用者时，就会出现问题。这并不简单，因为没有通用的协议来在不同编程语言之间传递本机代码[⊜]OOP 结构[⊜]。除了使用外部的解决方案，例如使用桥接语言（例如微软的 Managed C++，它

⊖ 在 .NET 中，对象可以被重新定位，所以对象的内存地址可以被修改。"固定"功能可以确保对象在内存中保持原位，因此可以在本机代码中获取并使用其地址。

⊜ 本机代码（native code）是指已被编译为特定于处理器的机器码的代码。——译者注

⊜ OOP（Object Oriented Programming）一般指面向对象程序设计，是一种计算机编程架构。

是由 .NET 支持的 C++ 的一个变体），通常在一侧对所有数据进行序列化（编码），然后在另一侧解析来处理这个问题。做到这一点有很多方法，包括一些简单的方法，例如将数据序列化为 XML 或 JSON 格式，也包括复杂的工业级解决方案，例如 Google 的 Protocol Buffers[⊖]。

不过，在某些情况下，实际上并不需要返回完整的对象。相反，只需要返回一个句柄，这样这个句柄就可以由 C/C++ 再次使用。我们甚至不必在来回传递句柄时耗费额外的内存。这么做的原因有很多，但主要原因是我们只想让一方来管理对象的生命周期，因为如果由双方同时管理对象的生命周期，那简直是一场噩梦！没有人真正需要它。

在这样的场景下，我们所要做的就是返回一个 Memento 对象。这可以是任何东西——字符串标识符、整数、全局唯一的标识符（Globally Unique Identifier，GUID）——任何可以让你在之后可以引用的东西。接收方只需通过这个 Memento 对象（即标记）告诉本机代码需要对标记所代表的底层对象做哪些操作。

这种方法带来了生命周期管理的问题。假设我们希望只要我们拥有标记，标记所代表的底层对象就会一直存在。我们如何实现这一点？这意味着，在 C++ 这一侧，标记永远存在，而在另一侧，我们用一个特殊的结构（例如，.NET 中的 IDisposable）来修饰它，它具有析构函数（或等价的函数），该函数会将标记被销毁的消息发送回 C++ 一侧。但如果我们复制了标记并有两个以上标记的实例呢？然后我们不得不为标记构建一个引用计数系统：这是很有可能的，但会在系统中引入额外的复杂度。

同样，这个问题是对称的：如果 C++ 侧已经销毁了标记所代表的对象，该怎么办？这可能会显式地发生，也可能隐式地发生，例如，当使用智能指针时。如果我们尝试使用相应的标记，则需要进行额外的检查，以确保标记实际上有效，并且需要向本机的函数调用提供某种有意义的返回值，以便告诉另一侧标记已失效。同样，这也是由此引入的额外工作。

18.5　总结

备忘录模式主要处理标记（Token）以将系统恢复到先前的状态。通常，标记包含将系统移动到特定状态所需的所有信息，如果它足够小，则还可以使用它记录系统的所有状态，这样不仅允许将系统重置为任意先前状态，还允许将系统回退（撤销）或恢复到它之前所处的任意状态。

⊖ 目前 Protocol Buffers 支持 C++、C#、Java、Python 等语言。详细情况请查看 https://developers.google.com/protocol-buffers。

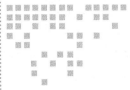

Chapter 19 第 19 章

空对象模式

有时候我们所使用的接口并不是由我们自己选择的。例如，我喜欢让我的自动驾驶汽车将我送到目的地，从而不必让自己把 100% 的注意力放在道路上，以及旁边行驶的那些危险的车辆上。软件也一样：有时我们并不是真的想要某项功能，但它作为接口需求的一部分内置于接口。这意味着我们必须提供某些值，即使不需要这个特定的功能。

那么，我们需要怎么做呢？我们需要创建一个空对象（Null Object）。

19.1 预想方案

假如我们正在使用一个具有如下接口的库：

```
struct Logger
{
  virtual ~Logger() = default;
  virtual void info(const string& s) = 0;
  virtual void warn(const string& s) = 0;
};
```

这个接口可进行银行账户的某些操作：

```
class BankAccount
{
  shared_ptr<Logger> log;
public:
  string name;
  int balance = 0;

  BankAccount(const shared_ptr<Logger>& logger,
```

```
        const string& name, int balance)
      : log{logger}, name{name}, balance{balance}  {  }

  // more members here
};
```

实际上，`BankAccount` 可以定义如下的成员函数：

```
void BankAccount::deposit(int amount)
{
  balance += amount;
  log->info("Deposited $" + to_string(amount)
    + " to " + name + ", balance is now $" + to_string(balance));
}
```

那么，这里有什么问题吗？如果我们确实需要日志功能，那没什么问题，我们只需要实现自己的日志类：

```
struct ConsoleLogger : Logger
{
  void info(const string& s) override
  {
    cout << "INFO: " << s << endl;
  }
  void warn(const string& s) override
  {
    cout << "WARNING!!! " << s << endl;
  }
};
```

然后直接使用它即可。但如果我们根本不需要日志功能呢？此时就需要一个空对象。

空对象

再次回到 `BankAccount` 的构造函数：

```
BankAccount(const shared_ptr<Logger>& logger,
  const string& name, int balance)
```

由于构造函数的参数列表中有一个 `logger`，那么传递未初始化的 `shared_ptr<Bank-Account>` 是不安全的行为。`BankAccount` 可以在分发 `logger` 之前在内部检查对应的指针，但我们并不知道它是否检查了，而且如果没有额外的文档，这是很难辨别的。

因此，唯一合理的做法是给 `BankAccount` 传递一个空对象——一个符合接口规范但不包含任何功能的类：

```
struct NullLogger final : Logger
{
  void info(const string& s) override {}
```

```
void warn(const string& s) override {}
};
```

现在，我们可以使用 make_shared 创建 NullLogger 实例，并将其传递给每个需要 shared_ptr<Logger> 引用的组件。此外，如果使用依赖注入，则可以确保自动将该值注入正确的位置。

当然，空对象也可以是单例对象，因为在大多数情况下，这样的对象是无状态的。我们可以显式地将其转换为单例（参见第 5 章），也可以在自己的 DI 容器中简单地将组件配置为单例对象。

值得注意的是，对于返回值或操纵内部状态的函数，这种方法有局限性。例如，如果每次调用都返回 bool 类型的成功标志，那么空对象实现可能会确定地返回 true，以确保安全。但是，在更复杂的场景中，可能没有一种可预测的方式来创建空对象，以确保与用户交互时的一致性。

19.2　shared_ptr 不是空对象

需要注意的是，shared_ptr 和其他智能指针类本身不是空对象。空对象是保留正确操作（不执行操作）的对象。但对未初始化的智能指针的调用会导致系统崩溃：

```
shared_ptr<int> n;
int x = *n + 1; // ouch!
```

有趣的是，从调用的角度来看，没有办法让智能指针"安全"。换句话说，如果 foo 未初始化，我们不能将 foo->bar() 变成无操作函数[⊖]。原因是前缀运算符 * 和运算符后缀 -> 都只是底层（原始）指针的代理。对于指针成员函数调用，没有办法将其变为无操作函数。

19.3　设计改进

停下来想一想：如果 BankAccount 在我们的控制之下，那么能改进接口以使其更易于使用吗？以下是一些思路：

- ❑ 在各个地方进行指针检查。这会厘清 BankAccount 这一侧的正确性，但仍旧会让库的用户感到困惑。请记住，这仍然没有传达指针可以为空的信息。
- ❑ 添加一个默认的参数值，例如 const shared_ptr<Logger>& logger = no_logging，其中 no_logging 可以是 BankAccount 的某个成员。即使是在这种场景下，也必须在每个使用 logger 对象的地方检查指针。
- ❑ 使用 optional 类型。这在习惯用法上是正确的，可以传达意图，但会导致在传递 optional<shared_ptr<T>> 之后，需要检查 optional 是否为空。

⊖ 即 no-op；表示函数体内部无任何操作的函数。——译者注

19.4　隐式空对象

还有一个激进的想法，就是在 Logger 接口上来一次二级跳。它将记录日志的过程划分为调用（我们希望有一个好的 Logger 接口）和操作（Logger 的实际功能）两部分。因此，考虑以下代码：

```
struct OptionalLogger : Logger
{
  shared_ptr<Logger> impl;
  static shared_ptr<Logger> no_logging;
  Logger(const shared_ptr<Logger>& logger) : impl{logger} {}

  virtual void info(const string& s) override {
    if (impl) impl->info(s); // null check here
  }
  // and similar checks for other members
};

// a static instance of a null object
shared_ptr<Logger> BankAccount::no_logging{};
```

现在，我们将调用代码从 Logger 的实现中分离出来。现在我们要做的是重新定义 BankAccount 的构造函数：

```
shared_ptr<OptionalLogger> logger;
BankAccount(const string& name, int balance,
  const shared_ptr<Logger>& logger = no_logging)
  : log{make_shared<OptionalLogger>(logger)},
    name{name},
    balance{balance} { }
```

可以看到，这里有一个巧妙的地方：该构造函数输入参数是 Logger，但存储了一个 OptionalLogger 类型的包装类（这是虚拟代理模式，请参阅 12.3 节）。现在，对这个可选记录器的所有调用都是安全的——它们只有在底层对象可用时才会"发生"：

```
BankAccount account{ "primary account", 1000 };
account.deposit(2000); // no crash
```

我们实现的代理对象本质上是 Pimpl 模式习惯用法的定制化版本，它带有内置的 nullptr 指针检查。

19.5　与其他模式的交互

空对象模式也可以出现在其他模式中。之前我们提到，空对象非常适合用于单例模式，因为在大多数情况下，不需要多个实例。至少，可以将其声明为 final。

不同模式之间交互的另一个例子是空策略，尤其是当客户一个接一个地使用多个策略时。例如，ETL（Extract-Transform-Load，提取、转换和加载）操作可能要求使用不同的策略来提取数据，以某种方式进行转换，然后将其加载到某种数据库中。如果只想读取数据并存储它，而不想以任何方式转换数据，那么可能需要为整个流程的转换部分使用空策略。

作为访问者模式层次结构的一部分，可访问的空对象可能很有用。例如，如果数学表达式的每个元素都定义为二进制表达式，那么类似于"-X"的一元表达式，如果用伪代码，则必须定义为 Subtract{Value{0},Value{X}}。这可能不是一个可行的解决方案，因为如果编写一个 PrinterVisitor 来打印这样的表达式，这个访问者将打印"0-X"而不是"-X"。因此，可以将表达式定义为 Subtract{Null,Value{X}}，这将完全忽略打印 Null 值，只按预期打印剩余的 -X 即可。访问者模式的一些实现可以完全忽略 Null 类型。

状态模式（参见第 21 章）的一个"经典"实现中，由状态驱动的状态转换过程可以选择性地包含某些状态，这些状态可能缺失大部分甚至全部行为。例如，可配置的交通灯系统可能包括红色、绿色和黄色状态，其中黄色状态是可选的。不需要黄色状态的客户将替换掉黄色状态，例如，到黄色状态的转换将自动前进到下一个颜色状态。这意味着整个状态机将以这种方式来构造，以使这种替换成为可能。

19.6　总结

空对象模式引发了一个关于 API 设计的问题：我们可以针对所依赖的对象做什么样的假设？如果正在使用指针（不论是原始指针还是智能指针），我们是否有义务在每次使用之前检查这个指针？

如果你觉得没有这样的义务，那么客户实现空对象的唯一方法就是构造所需接口的无操作函数实现，并在需要时传递该实例。不过，这只适用于函数：例如，如果该对象的某些成员也会被使用，那么就真的有麻烦了。

如果想支持将空对象作为参数进行传递，那么需要明确说明：要么将参数类型指定为 std::optional；要么为参数提供一个默认值，提示该值为一个内置空对象（例如，= no_logging）；要么写一些文档来解释该位置期望什么样的值。

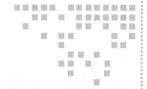

第 20 章 *Chapter 20*

观察者模式

观察者（Observer）模式是一种非常普遍且必要的设计模式，因此，让人惊讶的是，与其他语言（例如 C#）不同，不论是 C++ 还是标准库，都没有提供现成的观察者模式的实现。尽管如此，从技术上来说，一个安全的、正确实现的"观察者"（如果有的话）是一个复杂的设计过程，所以本章将研究它的细节。

20.1 属性观察器

人总会变老，这是生活的本质。但每过一年，人们总会在生日那天庆祝。但是怎么做呢？我们给出 Person 的一种定义，例如：

```cpp
struct Person
{
  int age;
  Person(int age) : age{age} {}
};
```

我们如何知道一个人的年龄（age）变化了呢？我们不知道。为了看到年龄的变化，我们可以尝试轮询：每 100 毫秒读取一次 age，并将新值与前一个值进行比较。这种方法可行，但烦琐且不可扩展。我们需要更简洁一点。

我们希望每当 Person 对象的 age 成员发生变化时，我们都能得到通知。唯一的方法是设计一个 setter，即：

```cpp
struct Person
{
  int get_age() const { return age; }
```

```
    void set_age(const int value) { age = value; }
private:
  int age;
};
```

`set_age()` 函数可以通知那些关心年龄变化的对象。但是，如何通知呢？

20.2　Observer<T>

一种方法是定义一个基类，任何关心 Person 变化的对象都需要继承它：

```
struct PersonListener
{
  virtual void person_changed(Person& p,
    const string& property_name) = 0;
};
```

然而，这种方法令人窒息，因为属性更改可能发生在 Person 以外的类型上，我们不想为这些类型生成额外的类。以下是一些更通用的结构：

```
template<typename T> struct Observer
{
  virtual void field_changed(T& source,
    const string& field_name) = 0;
};
```

`field_changed()` 中的两个参数的含义应该是一目了然的。第一个参数是对属性发生变化的 T 类型对象的引用，第二个参数是该属性的名称。我们通过字符串传递属性名称，它的确有损于代码的可重构性（如果属性名发生变化该怎么办？）[⊖]。

这样的实现使得我们可以观察 Person 类的变化，并将其写到命令行：

```
struct ConsolePersonObserver : Observer<Person>
{
  void field_changed(Person& source, const string& field_name)
  override
  {
    if (field_name == "age")
    {
      cout << "Person's age has changed to "
           << source.get_age() << ".\n";
    }
  }
};
```

⊖　与 C++ 相比，C# 在连续多次发布中已经两次明确地解决了这个问题。首先，它引入了一个名为 [CallerMemberName] 的属性，该属性将调用函数 / 属性的名称作为参数的字符串值插入。第二次发布简单地引入了 nameof(Foo)，它将把符号名称转换成字符串。

这个方案的灵活性使得我们可以同时观察多个类的属性变化。例如，如果添加 Creature 类，我们可以同时观察两者：

```
struct ConsolePersonObserver : Observer<Person>, Observer<Creature>
{
  void field_changed(Person& source, ...) { ... }
  void field_changed(Creature& source, ...) { ... }
};
```

另一种方法是使用 std::any，并去掉通用的实现。尝试一下吧！

20.3　Observable<T>

我们回到 Person 类。既然它将成为一个被观察的类，那么它将承担一些新的职责，即：

❑ 维护一个列表，其中保存了所有关注 Person 变化的观察者。

❑ 允许观察者通过 subscribe()/unsubscribe() 接口订阅或取消对 Person 变化的订阅。

❑ 当 Person 发生变化时，通过 notify() 接口通知所有观察者。

所有这些功能都可以移动到一个单独的基类中，以避免对每个潜在的可观察类进行重复性的编码：

```
template <typename T> struct Observable
{
  void notify(T& source, const string& name) { ... }
  void subscribe(Observer<T>* f) { observers.push_back(f); }
  void unsubscribe(Observer<T>* f) { ... }
private:
  vector<Observer<T>*> observers;
};
```

subscribe() 接口将新的观察者添加到私有的 observers 列表中。observers 列表不会暴露给外界，甚至不会暴露其派生类。我们并不希望人们随意操作这个集合。

接下来，我们要实现 notify() 接口。思路很简单——遍历 observers 并逐个调用 field_changed() 接口：

```
void notify(T& source, const string& name)
{
  for (auto obs : observers)
    obs->field_changed(source, name);
}
```

然而，仅仅继承自 Observable<T> 是不够的：我们的类还需要在其属性发生变化时调用 notify()。

例如，考虑函数 set_age()。它现在有 3 个职责：

❑ 检查名称是否已更改。如果 age 是 20，而我们为其分配了 20，那么执行任何分配
操作或通知操作都没有意义。

❑ 为这个属性分配一个合适的值。

❑ 使用正确的参数调用 notify() 接口。

因此，set_age() 接口的新版本的实现如下：

```cpp
struct Person : Observable<Person>
{
  void set_age(const int age)
  {
    if (this->age == age) return;
    this->age = age;
    notify(*this, "age");
  }
private:
  int age;
};
```

20.4 连接观察者和被观察者

现在，我们准备使用之前设计的接收 Person 属性变化通知的基础数据结构。以下是
观察者的示例：

```cpp
struct ConsolePersonObserver : Observer<Person>
{
  void field_changed(Person& source,
    const string& field_name) override
  {
    cout << "Person's " << field_name << " has changed to "
        << source.get_age() << ".\n";
  }
};
```

下面是它的用法：

```cpp
Person p{ 20 };
ConsolePersonObserver cpo;
p.subscribe(&cpo);
p.set_age(21); // Person's age has changed to 21.
p.set_age(22); // Person's age has changed to 22.
```

如果不关心有关属性依赖和线程安全 / 可重入性的问题，我们就可以到此为止，然后采
用这个版本的实现并开始使用它。如果你想看到关于更加复杂的方法的讨论，请继续阅读。

20.5　依赖问题

例如在某些国家，16 岁及以上的人具有投票选举权。假设当一个人的投票权发生变化时，我们希望得到通知。首先，假设 Person 类有如下的 getter 方法：

```
bool get_can_vote() const { return age >= 16; }
```

请注意，get_can_vote() 没有底层的属性成员和 setter（我们可以引入这样一个属性成员，例如 can_vote，但它显然是多余的），但我们认为有义务添加 notify() 接口。但是怎么做呢？我们可以试着找出可以导致 can_vote 发生改变原因……没错，set_age() 可以！因此，如果我们想要得到投票状态变化的通知，这些需要在 set_age() 中完成。准备好，会有惊喜的！

```
void set_age(int value) const
{
  if (age == value) return;

  auto old_can_vote = can_vote(); // store old value
  age = value;
  notify(*this, "age");

  if (old_can_vote != can_vote()) // check value has changed
    notify(*this, "can_vote");
}
```

这个函数中发生的事情太多了。我们不仅要检查 age 是否改变了，还要检查 can_vote 是否改变了，并针对 can_vote 的变化发出通知！你可能会猜到这种方法不能很好地扩展，对吧？想象一下，can_vote 依赖两个属性，即 age 和 citizenship——这意味着两个属性的 setter 都必须处理 can_vote 的通知。如果 age 也会以这种方式影响其他 10 种属性呢？这是一个不可行的解决方案，会导致不可维护的脆弱代码，因为变量之间的关系需要手动地跟踪。

在这个场景中，can_vote 是 age 的一个**依赖属性**。依赖属性的挑战本质上是类似 Excel 等工具的挑战：鉴于不同单元格之间存在大量依赖关系，当其中一个单元格发生变化时，如何确定要重新计算哪些单元格？

当然，属性依赖关系可以用某种映射 <string, vector<string>> 来表示，它将保留一个受属性影响的属性列表（或者所有影响特定属性的属性）。可悲的是，这个映射必须手动定义，保持它与实际代码的同步是一项相当棘手的工作。

20.6　取消订阅与线程安全

我们忽略了一件事，那就是观察者如何取消订阅。通常，我们希望将自己从观察者列表中删除，在单线程场景中，这非常简单：

```
void unsubscribe(Observer<T>* observer)
{
  observers.erase(
    remove(observers.begin(), observers.end(), observer),
    observers.end());
};
```

尽管 erase-remove 的使用在技术上是正确的，但这种正确性也仅仅是在单线程的场景中才成立。std::vector 不是线程安全的，因此，同时调用 subscribe() 和 unsubscribe() 可能会导致一些意想不到的结果，因为两个接口都会改变 vector。

通过为观察者的所有操作加上锁，我们可以很容易地解决这个问题：

```
template <typename T> struct Observable
{
  void notify(T& source, const string& name)
  {
    scoped_lock<mutex> lock{ mtx };
    ...
  }
  void subscribe(Observer<T>* f)
  {
    scoped_lock<mutex> lock{ mtx };
    ...
  }
  void unsubscribe(Observer<T>* o)
  {
    scoped_lock<mutex> lock{ mtx };
    ...
  }
private:
  vector<Observer<T>*> observers;
  mutex mtx;
};
```

另一个非常可行的替代方法是使用 PPL/TPL 中的 concurrent_vector[⊖]。当然，这无法保证顺序（换句话说，一个接一个地添加两个对象并不能保证它们按顺序得到通知），但可以避免我们自己管理锁。

20.7　可重入性

最后一个实现通过在 3 个关键接口中加锁来保证线程安全。但是现在让我们想象一下如下的场景：TrafficAdministration 组件会一直监视一个人，直到他长大可以开车

⊖ 微软 Parallel Patterns Library（PPL）和英特尔 Task Parallel Library（TPL）均有类似的线程安全的容器类。

为止。当他们 17 岁时，该组件将取消订阅：

```
struct TrafficAdministration : Observer<Person>
{
  void TrafficAdministration::field_changed(
    Person& source, const string& field_name) override
  {
    if (field_name == "age")
    {
      if (source.get_age() < 17)
        cout << "Whoa there, you are not old enough to
        drive!\n";
      else
      {
        // oh, ok, they are old enough, let's not monitor them
          anymore
        cout << "We no longer care!\n";
        source.unsubscribe(this);
      }
    }
  }
};
```

当 age 变为 17 时，整个调用链将会是：

```
notify() --> field_changed() --> unsubscribe()
```

这是存在问题的，因为在 unsubscribe() 接口中，我们会尝试去获得一个已经获得的锁。这就是**可重入性**问题。有不同的方法可以解决这个问题：

❑ 一种方法是直接禁止这种情况。至少在这个特殊的情况下，这里显然存在可重入性。

❑ 另一种方法是放弃从集合中删除元素的想法。相反，我们可以选择：

```
void unsubscribe(Observer<T>* o)
{
  auto it = find(observers.begin(), observers.end(), o);
  if (it != observers.end())
    *it = nullptr;
}
```

随后，当调用 notify() 时，只需进行额外检查：

```
void notify(T& source, const string& name)
{
for (auto obs : observers)
  if (obs)
    obs->field_changed(source, name);
}
```

当然，这只能解决 `notify()` 和 `subscribe()` 之间可能存在的竞争。例如，如果同时执行 `subscribe()` 和 `unsubscribe()`，这仍然是对集合的并发修改，而且仍然可能失败。所以，可能至少需要在那里维护一把锁。

还有一种可能是在 `notify()` 中复制整个集合。我们仍旧需要这把锁，只是不必再在 `notify()` 中使用它了，即：

```
void notify(T& source, const string& name)
{
  vector<Observer<T>*> observers_copy;
  {
    lock_guard<mutex_t> lock{ mtx };
    observers_copy = observers;
  }
  for (auto obs : observers_copy)
    if (obs)
      obs->field_changed(source, name);
}
```

在这个实现中，我们的确使用了锁，但是，当我们调用 `field_changed()` 时，锁已经释放了，因为这把锁是在局部作用域中拷贝 `vector` 时使用的。我并不担心效率问题，因为复制 `vector` 的指针并不会占用太多内存。

最后，将 mutex 替换为 `recursive_mutex` 总是可以的。总的来说，绝大多数开发者都很讨厌 `recursive_mutex`（这可以在 StackOverflow 上找到大量证据），不仅仅是因为性能问题，更多的是因为，在大多数情况下（像观察者模式的示例一样），如果代码设计得很好，就可以使用普通的非递归的变量。

有一些有趣的客观存在的问题，我们在这里没有讨论。它们包括：

❑ 如果同一个观察者被添加两次，会出现什么问题？

❑ 如果允许复制 observers，那么 `unsubscribe()` 函数会将每个实例都删除吗？

❑ 如果使用另一个不同的容器，上述示例的行为会受到怎样的影响？例如，如果使用 std::set 或 boost::unordered_set 以阻止复制行为，这对普通的操作会有什么影响？

❑ 如果想要将所有观察者按优先级排序，应该如何操作？

只要有扎实的基础知识，这些问题以及其他实际问题都是可以处理的。我们不会在这里花更多时间讨论这些问题。

20.8 Boost.Signals2 中的观察者模式

很多库都提供了观察者模式的实现，最著名的可能是 Boost.Signals2 库[⊖]。这个库本质

⊖　更多信息请参见 http://www.boost.org/doc/libs/1_76_0/doc/html/signals2.html。

上提供了一种称为信号（signal）的类型，它表示 C++ 术语中的"信号"（别名为事件）。可以通过提供函数或 lambda 表达式来订阅该信号。也可以取消订阅，当我们想得到通知时，可以触发该信号。

我们可以使用 Boost.Signals2 来定义 Observable<T>：

```cpp
template <typename T>
struct Observable
{
  signal<void(T&, const string&)> property_changed;
};
```

它的调用方式如下：

```cpp
struct Person : Observable<Person>
{
  ...
  void set_age(const int age)
  {
    if (this->age == age) return;
    this->age = age;
    property_changed(*this, "age");
  }
};
```

这个 API 实际上是在直接调用 signal，除非我们添加一些成员函数，使得 API 用起来更加方便：

```cpp
Person p{123};
auto conn = p.property_changed.connect([](Person&, const
string& prop_name)
{
  cout << prop_name << " has been changed" << endl;
});
p.set_age(20); // age has been changed

// later, optionally
conn.disconnect();
```

connect() 函数会返回一个 connection 对象，如果我们不再需要从该信号处得到通知，该 connection 对象也可以用于取消订阅。

20.9　视图

属性观察者面临着一个巨大而明显的问题：这种方法具有侵入性，显然违背了关注点分离的原则。关于被观察对象的变化的通知是一个单独的问题，因此将其直接添加到对象中可能不是最好的方法，尤其是考虑到它只是许多问题之一（其他问题包括验证、类型自动转换等），一旦类成员定义完成，这些问题可能会在之后的阶段变得更加明显。

因此，想象一下，如果我们决定改变主意，从使用 Observable<T> 改为使用一些完全不同的结构。如果我们在之前定义的数据结构和代码中广泛使用了 Observable，那么必须仔细地检查每一个地方，修改每一个属性以使用新的结构，更不用说必须修改这些类，停止使用旧的接口并更换新的接口。这是一件乏味且容易出错的事情，而这正是我们试图避免的。

所以，如果希望在发生变化的对象之外处理关于更改的通知，应在哪里添加它们？这应该不难——毕竟，我们已经明白装饰器模式正是为了这个目的而设计的。

一种方法是在被观察对象的前面放置另一个对象，让该对象处理更改通知和其他事情。这就是我们通常所说的**视图**——例如，它可以是绑定到 UI 的对象。

要使用视图，可以使用普通属性（甚至公共访问域！），使对象保持简单且没有任何额外的行为：

```
struct Person
{
  string name;
};
```

事实上，让数据对象尽可能简单是值得的；在 Kotlin 等语言中，这就是所谓的**数据类**。现在要做的是在对象的顶部构建一个视图。该视图还可以包含其他问题，包括属性观察者：

```
struct PersonView : Observable<Person>
{
  explicit PersonView(const Person& person)
    : person(person) {}

  string& get_name()
  {
    return person.name;
  }
  void set_name(const string& value)
  {
    if (value != person.name) return;
    person.name = value;
    property_changed(person, "name");
  }
protected:
  Person& person;
};
```

我们创建的这个视图实际上是一个装饰器。它使用 getters/setters 包装底层的对象，并用于触发通知事件。如果想让其更加复杂，那么可以在这里做文章。

现在，随着视图的构建，可以将它可以插入应用程序的其他部分。例如，如果应用程序有一个带有可编辑文本成员的用户界面，那么该成员可以与视图中 name 的 getter 和 setter 交互。

20.10　总结

我们回顾一下在实现观察者模式时的一些主要设计思路：

❑ 确定希望为观察者传达什么信息。例如，如果正在处理域成员 / 属性的变化，则可以包含属性的名称。也可以指定旧值或新值，但传递类型可能会有问题。

❑ 希望观察者是整个类吗？或者更希望它们只是一些虚函数？

❑ 如何处理取消订阅这个接口？

　　○ 如果不打算支持取消订阅功能，那么在实现 Observer（观察者）的道路上将节省大部分精力，因为不存在可重入性问题中的移除问题了。

　　○ 如果要支持取消订阅功能，也许你并不想直接在取消订阅函数中移除这些观察者，而是先做标记，随后再移除它们？

　　○ 如果你不喜欢基于原始的指针做分发，可以考虑用 weak_ptr。

❑ Observer<T> 的函数可能会被多个不同的线程调用吗？如果可能，则需要维护订阅列表：

　　○ 在所有相关的函数中添加 scoped_lock。

　　○ 使用一些线程安全的容器，比如 TBB/PPL concurrent_vector。这可能会损失按序相关的特性，但保证了线程安全，这也是不错的折中办法。

❑ 允许同一个观察者多次订阅吗？如果允许，那么不能使用 std::set。

毫无疑问，本章呈现的部分代码属于过度思考和过度设计的例子，远远超出了大多数人想要实现的目标。

遗憾的是，目前还没有一个理想的观察者模式的实现来满足所有的需求。无论选择哪种实现方式，都会有一些妥协。

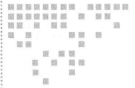

Chapter 21 第21章

状态模式

我必须承认：行为受状态管辖。如果睡眠不足，会有点累；如果喝了酒，就不能开车。所有这些都是**状态**，它们支配着行为：感觉如何、能做什么以及不能做什么。

当然，状态之间可以转换。喝咖啡能够使我们从困倦状态转换为清醒状态（希望如此！）。因此，我们可以把咖啡看作**触发器**，它会让我们从困倦状态转变为清醒状态。这里简单展示一下这个过程⊖：

```
          coffee
sleepy --------> alert
```

状态（State）模式其实很简单：状态控制着行为，状态可以发生转变，唯一的问题是，谁触发了状态的变化。

从根本上来说，有两个方面：

❏ "状态"实际上是一些包含具体行为的类，并且这些行为会随着状态的转变而转变。

❏ "状态"和转换过程是一些枚举类型。我们可以定义一个特殊的称为**状态机**的组件来操作实际的转换过程。

这两种方法都是可行的，但实际上第二种方法是最常见的。我们将分别看看这两种方法，但我们将首先简单探讨第一种方法，因为人们通常不会使用这种方法。

21.1 状态驱动的状态转换

我们将从最简单的例子——电灯开关——开始。它只能处于**打开**和**关闭**状态。我们将构建

⊖ 我其实不怎么喝咖啡。这只是我编入这本书的许多善意谎言中的一个。

一个模型，其中任何状态都可以切换到其他状态：虽然这反映了状态模式的"经典"实现（根据 GoF 书），但我并不推荐这样做。

首先，我们对电灯开关建模。所需的只是一个指向当前状态的指针和转换为另一个状态的方法：

```cpp
class LightSwitch
{
  State *state{nullptr};
public:
  LightSwitch()
  {
    state = new OffState();
  }
  void set_state(State* state)
  {
    this->state = state;
  }
};
```

这些看起来都很合理。在这个案例中，我们可以将 State 定义为一个实际的类。

```cpp
struct State
{
  virtual void on(LightSwitch *ls)
  {
    cout << "Light is already on\n";
  }
  virtual void off(LightSwitch *ls)
  {
    cout << "Light is already off\n";
  }
};
```

这种实现远不够直观，以至于我们需要耐心而仔细地讨论它，因为从一开始，State 类没有任何意义。

首先，State 不是抽象基类！你也许认为可以将无法达到（或者没有理由达到）的一种状态归结为抽象的。但并不是这样的。

其次，State 允许从一种状态切换到另一种状态。对于理性的人来说，这没有任何意义。想象一下这个电灯开关：它是可以改变状态的开关。状态并不期望改变自身，但看起来它确实是这样做的。

最后，也许最令人困惑的是，State::on/off 的默认行为声称我们已经处于这种状态！在我们实现示例的其余部分时，这将在一定程度上结合在一起。

现在，我们将实现打开状态和关闭状态：

```
struct OnState : State
{
  OnState() { cout << "Light turned on\n"; }
  void off(LightSwitch* ls) override;
};
struct OffState : State
{
  OffState() { cout << "Light turned off\n"; }
  void on(LightSwitch* ls) override;
};
```

`OnState::off()` 和 `OffState::on()` 的实现允许将自身状态切换到另一个状态！下面是它们的实现：

```
void OnState::off(LightSwitch* ls)
{
cout << "Switching light off...\n";
ls->set_state(new OffState());
delete this;
} // same for OffState::on
```

这就是切换状态的地方。这个实现包含了一个奇怪的调用，即 `delete this`，这在真实的 C++ 中是不经常看到的。`delete this` 使得开发者必须承担一个非常危险的责任，即状态最初是在哪里分配的。这个示例可以使用智能指针重写，但使用普通指针和堆分配可以清楚地表明，`State` 对象正在被主动地销毁。如果这个 `State` 类有析构函数，它会被触发，从而在这里执行额外的清理工作。

当然，我们也的确希望电灯开关可以切换它自己的状态，如：

```
class LightSwitch
{
  ...
  void on() { state->on(this); }
  void off() { state->off(this); }
};
```

所以，综合起来，我们可以运行如下的代码：

```
LightSwitch ls; // Light turned off
ls.on();        // Switching light on...
                // Light turned on
ls.off();       // Switching light off...
                // Light turned off
ls.off();       // Light is already off
```

我必须承认我并不喜欢这个方法，因为它不够直观。诚然，状态可以被告知（观察者模式）它自身正在进入某种（另一种）状态。但是，将自己的状态切换到另一个状态的想法——根据 GoF 书，这是状态模式的"经典"实现——似乎并不十分令人满意。

如果我们要笨拙地展示从 OffState 到 OnState 的转换，则需要使用如下代码：

```
          LightSwitch::on() -> OffState::on()
OffState -------------------------------------> OnState
```

另外，从 OnState 到 OnState 的转换使用了基类 State，基类将告知它已经处于这种状态了：

```
          LightSwitch::on() -> State::on()
OnState --------------------------------> OnState
```

这里给出的示例可能看起来特别不自然，所以我们现在要看另一个经过设计的示例，其中状态和转换过程均被简化为枚举成员。

21.2 设计状态机

我们试着为典型的手机通话定义一个状态机。首先，我们将描述手机通话的状态：

```
enum class State
{
  off_hook,
  connecting,
  connected,
  on_hold,
  on_hook
};
```

我们也可以定义状态之间的转换过程，同样，将其定义为一个枚举类：

```
enum class Trigger
{
  call_dialed,
  hung_up,
  call_connected,
  placed_on_hold,
  taken_off_hold,
  left_message,
  stop_using_phone
};
```

现在，这个状态机的确切**规则**——也就是什么样的转换是可能的——需要存储在某个地方。

```
map<State, vector<pair<Trigger, State>>> rules;
```

这是一个哈希表，它看起来有点笨拙，但本质上，哈希表的键是我们要移动的状态，

哈希表的值是一组 **Trigger-State** 组合，表示处于该状态时可能的触发器，以及使用触发器时切换到的状态。

接下来，我们初始化这些数据结构：

```
rules[State::off_hook] = {
  {Trigger::call_dialed, State::connecting},
  {Trigger::stop_using_phone, State::on_hook}
};
rules[State::connecting] = {
  {Trigger::hung_up, State::off_hook},
  {Trigger::call_connected, State::connected}
};
// more rules here
```

我们需要一个起始状态，同样，如果想在达到某个状态时停止状态机的执行，还需要添加一个退出（结束）状态：

```
State currentState{ State::off_hook },
      exitState{ State::on_hook };
```

完成这些以后，我们不必为实际运行 [我们使用术语 "编排"（orchestrating）] 的状态机构建单独的组件。例如，如果想建立通话交互模型，则可以这样做：

```
while (true)
{
  cout << "The phone is currently " << currentState << endl;
select_trigger:
  cout << "Select a trigger:" << "\n";

  int i = 0;
  for (auto item : rules[currentState])
  {
    cout << i++ << ". " << item.first << "\n";
  }

  int input;
  cin >> input;
  if (input < 0 || (input+1) > rules[currentState].size())
  {
    cout << "Incorrect option. Please try again." << "\n";
    goto select_trigger;
  }

  currentState = rules[currentState][input].second;
  if (currentState == exitState) break;
}
```

首先，这里使用了 **goto**，它很好地展示了何时使用 **goto**。至于算法本身，我们让用户在当前状态下选择一个可用的触发器（已提供 State 和 Trigger 的 operator << 重载实现），如果触发器有效，我们将使用之前创建的哈希表 rules 转换到它指定的状态。

最后，如果我们达到的状态是退出状态，则跳出循环。以下是一个交互的示例程序：

```
The phone is currently off the hook
Select a trigger:
0. call dialed
1. putting phone on hook
0
The phone is currently connecting
Select a trigger:
0. hung up
1. call connected
1
The phone is currently connected
Select a trigger:
0. left message
1. hung up
2. placed on hold
2
The phone is currently on hold
Select a trigger:
0. taken off hold
1. hung up
1
The phone is currently off the hook
Select a trigger:
0. call dialed
1. putting phone on hook
1
We are done using the phone
```

这种手动状态机的主要优点是它很容易理解：状态和转换过程是普通的枚举类型，转换的规则定义在简单的 std::map 中，开始状态和结束状态也是简单的变量。

21.3　基于开关的状态机

在对状态机的探索中，我们已经从不必要的复杂经典示例（状态由类表示）发展到手工设计示例（状态由枚举成员表示），现在我们将经历最后一步降级，因为我们不再使用专用的数据类型进行转换。

但我们的简化不会就此结束：我们不会从一个方法调用跳到另一个方法调用，相反，我们将自己局限在一个无限重复的 switch 语句中。在该语句中，我们将检查状态，并通过状态更改转换状态。

接下来要考虑的场景是组合锁场景。锁由 4 位代码组成（例如 1234），我们可以每次输入一位数字。在输入代码时，如果输入错误，将会得到 "FAILED" 的输出；但是如果正确地输入了所有数字，则会得到 "UNLOCKED" 并退出状态机。

同样，我们使用枚举类定义状态：

```cpp
enum class State
{
  locked,
  failed,
  unlocked
};
```

我们想要运行的整个场景可以放在一个列表中：

```cpp
const string code{"1274"};
auto state{State::locked};
string entry;

while (true)
{
  switch (state)
  {
  case State::locked:
    {
      entry += (char)getchar();
      getchar(); // consume return

      if (entry == code)
      {
        state = State::unlocked;
        break;
      }

      if (!code.starts_with(entry))
      {
        state = State::failed;
      }
      break;
    }
  case State::failed:
    cout << "FAILED\n";
    return;
  case State::unlocked:
    cout << "UNLOCKED\n";
    return;
  }
}
```

如果使用正确的代码，则程序运行的示例如下：

```
1
2
3
4
UNLOCKED
```

下面的示例展示了如果在输入代码的过程中输入错误时的场景：

```
1
2
7
FAILED
```

可以看到，很大程度上来说，这仍旧是一个状态机，尽管它没有任何数据结构。我们不能从应用层面来检查并且分辨出所有可能的状态和转换。在应用层面并不能清楚地知道这些信息，除非真正检查代码，查看转换是如何发生的——幸运的是，这里没有 goto 语句可以在两种场景之间进行跳转！

基于开关的状态机这种方法，对于状态和转换过程较少的情况，是可行的。它在明晰的代码和数据结构、代码可读性以及可维护性方面的确有所欠缺，但如果你想快速设计一个状态机，但又烦于将一堆转换规则定义为单独的数据结构，那么这种方法可以作为一种高效、快速的解决方案。

总体来说，这种方法并不具备扩展性，也难以管理，所以在生产环境下不推荐使用这种方法。唯一的例外是，如果这样的状态机是使用某些外部模型通过代码生成实现的，那么推荐这种方法。

21.4 Boost.MSM 状态机

在真实世界中，状态机非常复杂。有时候，当转换到某种状态时，我们可能希望执行某些操作。有时候，则希望转换过程是有条件的，也就是说，只有满足某些条件谓词时，才能执行状态转换。

当使用 Boost.MSM（Meta State Machine），即 Boost 的一个状态机库，状态机将是通过 CRTP 继承自 state_machine_def 的类：

```
struct PhoneStateMachine : state_machine_def<PhoneStateMachine>
{
  bool angry{ false };
```

这里添加了一个 bool 类型的变量，指示来电者是否生气（因为被占线）；我们稍后再用。现在，每个状态也可以驻留在状态机中，并继承自 state 类：

```
struct OffHook : state<> {};
struct Connecting : state<>
{
  template <class Event, class FSM>
  void on_entry(Event const& evt, FSM&)
  {
    cout << "We are connecting..." << endl;
  }
  // also on_exit
};
// other states omitted
```

可以看到，状态也可以定义一些行为，这些行为可以在进入或者退出某种状态的时候发生。

我们也可以定义一些在状态转换时发生的行为（而不是达到某种状态的时候发生的行为）。"转换过程"同样可以定义为类，但它们不必从某个类继承。相反，它们需要提供 `operator()` 的重载函数，并携带特殊的函数签名：

```
struct PhoneBeingDestroyed
{
  template <class EVT, class FSM, class SourceState, class
  TargetState>
  void operator()(EVT const&, FSM&, SourceState&, TargetState&)
  {
    cout << "Phone breaks into a million pieces" << endl;
  }
};
```

你可能已经猜到，这些参数提供的是状态机以及源状态和目标状态的引用。

最后，我们有**守卫条件**⊖（guard condition）：这些条件决定了我们是否可以首先进行转换。现在，我们的布尔变量 angry 还不是 MSM 可以使用的形式，所以需要包装一下：

```
struct CanDestroyPhone
{
  template <class EVT, class FSM, class SourceState, class
  TargetState>
  bool operator()(EVT const&, FSM& fsm, SourceState&,
  TargetState&)
  {
    return fsm.angry;
  }
};
```

⊖ 守卫条件是一个布尔表达式。如果同时使用事件说明和守卫条件，则当且仅当事件发生且布尔表达式为真时，才进行状态转换。如果只有守卫条件没有事件说明，则只要守卫条件为真，就进行状态转换。——译者注

上面的代码定义了一个名为 **CanDestroyPhone** 的守卫条件，在随后定义状态机时可以使用它。

对于定义状态机的规则，Boost.MSM 使用 MPL（MetaProgramming Library）。特别地，转换表使用 **mpl::vector** 定义，每一行依次包含：

- 源状态。
- 转换过程。
- 目标状态。
- 一个可选的动作表达式。
- 一个可选的守卫条件。

基于这些信息，我们定义电话呼叫的规则：

```
struct transition_table : mpl::vector <
  Row<OffHook, CallDialed, Connecting>,
  Row<Connecting, CallConnected, Connected>,
  Row<Connected, PlacedOnHold, OnHold>,
  Row<OnHold, PhoneThrownIntoWall, PhoneDestroyed,
      PhoneBeingDestroyed, CanDestroyPhone>
> {};
```

最有趣的是 **transition_table** 中的最后一行：它指定我们只能在 **CanDestroyPhone** 守卫条件下才能尝试销毁通话对象，并且通话对象被销毁时，应该执行 **PhoneBeingDestroyed** 动作。

与状态不同，诸如 **CallDialed** 的转换过程是可以定义在状态机外面的类。它们不必继承自任何基类，并且可以为空，但它们必须是一种类型。

现在，我们可以添加更多的东西。首先，添加开始条件，既然我们正在使用 Boost. MSM，开始条件就不再是一个变量，而使用 **typedef**：

```
typedef OffHook initial_state;
```

最后，如果没有可能的转换，我们可以定义要发生的操作。这很可能会发生！例如，摔碎手机后，它就不能再使用了，对吗？

```
template <class FSM, class Event>
void no_transition(Event const& e, FSM&, int state)
{
  cout << "No transition from state " << state_names[state]
    << " on event " << typeid(e).name() << endl;
}
```

Boost MSM 将状态机划分为前端（也就是我们刚才编写的代码）和后端（运行代码的部分）。通过后端的 API，我们可以从之前的定义中构建状态机：

```
msm::back::state_machine<PhoneStateMachine> phone;
```

现在，假设存在一个名为 `info()` 的函数，它只打印我们所处的状态。我们可以尝试安排以下场景：

```
info(); // The phone is currently off hook
phone.process_event(CallDialed{}); // We are connecting...
info(); // The phone is currently connecting
phone.process_event(CallConnected{});
info(); // The phone is currently connected
phone.process_event(PlacedOnHold{});
info(); // The phone is currently on hold
phone.process_event(PhoneThrownIntoWall{});
// Phone breaks into a million pieces

info(); // The phone is currently destroyed

phone.process_event(CallDialed{});
// No transition from state destroyed on event struct
    CallDialed
```

这些示例展示了如何定义工业强度级别的复杂状态机。

21.5 总结

首先，值得强调的是 Boost.MSM 是 Boost 中两种可选的状态机实现中的一种，另一种是 Boost.Statechart。我确定还有很多其他的状态机实现。

其次，有关状态机的内容远不止这些。例如，许多库都支持分层状态机的思想：例如，生病状态（Sick）可以包含许多不同的子状态，如流感（Flu）或水痘（Chickenpox）。如果处于患流感的状态（Flu），那么一定会被认为是处于生病（Sick）的状态。

最后，值得再次强调的是，现代状态机与最初形式的状态设计模式已经相去甚远。重复的 API（例如 `LightSwitch::on/off` 与 `State::on/off`）以及自删除都存在明确的代码异味。别误会我的意思——这种方法是可行的，但它们既不直观又麻烦。

策略模式

我们已经使用过策略（strategy）模式了，就在每天与标准库打交道的时候，是不是很惊讶！例如，当指定特定的排序算法时，其实是在指定排序策略，即为整体算法提供部分的定义：

```cpp
vector<int> values{3,1,5,2,4};
sort(values.begin(), values.end(), less<>{});
for (int x : values)
  cout << x << ' '; // 1 2 3 4 5
```

在上述代码中，函数 less 是整个排序算法的一种排序策略。less 是运算符 < 的一个模板函数，所以排序操作对数组元素进行从小到大排序。

用函数式编程的术语来说，sort() 是一个**高阶函数**，也就是说，它是一个接受其他函数的函数。C++ 提供了两种实现它的方法：

❑ 函数以模板参数的形式接受一个函数。这对客户来说并不友好，因为代码完成提示不会提供关于"函数参数的签名应该是什么"的信息。

❑ 函数以适当的函数指针形式接受一个函数，如 std::function 或类似的东西。这更友好，因为我们可以知道函数参数应该采用什么形式。

至于函数参数的实际构造方式，在类似 sort() 这样的算法中，该策略既可以以可调用对象（例如，仿函数）的引用的形式提供，也可以以 lambda 表达式的形式提供：

```cpp
vector<int> values{3,1,5,2,4};
sort(values.begin(), values.end(),
    [=](int a, int b) { return a > b; });
for (int x : values)
  cout << x << ' '; // 5 4 3 2 1
```

虽然 `sort()` 中使用的策略对象是临时的（它只在调用期间有效），但我们也可以将策略保存在变量中，然后在必要时重用它。将策略定义为类有很多好处，包括：

- 基于类的策略可以保存状态。
- 策略可以有多种方法接口，这些接口可以描述该策略的组成部分。
- 策略之间可以相互继承，以达到复用的目的。
- 可以通过接口而不是函数标签来描述策略之间的依赖关系。
- 在 IoC 容器中可以选择配置默认的策略。

换句话说，将策略定义为类十分有用，尤其是当策略很复杂、可配置或者由多个部分组成时。

在 C++ 术语中，策略的另一种说法是"政策"（policy）。

22.1　动态策略

假如要将由多个字符串组成的数组或向量以列表的形式输出：

- just
- like
- this

如果考虑不同的输出格式，则需要获取每个元素，并将其与一些额外的标记一起输出。但对于 HTML 或 LaTeX 等语言，列表还需要开始标记和结束标记。

我们可以为输出列表指定一个策略：

- 输出开始标记 / 元素。
- 输出列表中的每一个元素。
- 输出结束标记 / 元素。

我们可以为不同的输出格式制定不同的策略，然后将这些策略输入给通用的、大致流程不会改变的算法，以生成最终的文本。

这是另一种包含动态（运行时可替换）和静态（模板合成、固定的）方式的一种设计模式。我们来看看这两种方式。

我们的目标是按照如下的格式打印一个包含文本元素的简单的列表：

```
enum class OutputFormat
{
  markdown,
  html
};
```

下面的基类的定义展示了我们所要制定的策略的基本框架：

```
struct ListStrategy
{
```

```
  virtual void start(ostringstream& oss) {};
  virtual void add_list_item(ostringstream& oss,
    const string& item) {};
  virtual void end(ostringstream& oss) {};
};
```

基类不是抽象类，它实际上是一种空对象（如果需要的话）。这样做的目的是，继承者只需重写必要的方法，而其他方法只需要提供无操作函数的实现。

现在，我们来看文本处理的组件。这个组件包含一个名为 `append_list()` 的成员函数，用于处理指定的列表：

```
struct TextProcessor
{
  void append_list(const vector<string> items)
  {
    list_strategy->start(oss);
    for (auto& item : items)
      list_strategy->add_list_item(oss, item);
    list_strategy->end(oss);
  }
private:
  ostringstream oss;
  unique_ptr<ListStrategy> list_strategy;
};
```

我们定义了一个名为 `oss` 的存放所有输出的缓冲区，还定义了一个用于输出列表的策略以及 `append_list()`，它指定了使用给定策略输出列表的一组步骤。

现在，请注意这里。这里使用的组合是两种可能的选项之一，可以用于算法框架的具体实现。我们还可以将 `add_list_item()` 等函数添加为虚拟成员，以便派生类重写：这就是模板方法模式所做的。

总之，回到我们的讨论主题。我们现在可以继续为列表实施不同的策略，例如 `Html-ListStrategy`：

```
struct HtmlListStrategy : ListStrategy
{
  void start(ostringstream& oss) override
  {
    oss << "<ul>\n";
  }
  void end(ostringstream& oss) override
  {
    oss << "</ul>\n";
  }
  void add_list_item(ostringstream& oss, const string& item)
  override
  {
```

```
    oss << "  <li>" << item << "</li>\n";
  }
};
```

通过重写虚函数，我们指定了如何处理列表元素。我们将以同样的方式实现 `Markdown-ListStrategy`，但是由于 `Markdown` 不需要开始标记和结束标记，所以我们只需重写 `add_list_item()` 函数：

```
struct MarkdownListStrategy : ListStrategy
{
  void add_list_item(ostringstream& oss,
                     const string& item) override
  {
    oss << " * " << item;
  }
};
```

现在，我们可以使用 `TextProcessor`，给它输入不同的策略，从而得到不同的结果，例如：

```
TextProcessor tp{OutputFormat::markdown};
tp.append_list({"foo", "bar", "baz"});
cout << tp.str() << endl;
// * foo
// * bar
// * baz
```

我们可以在运行时切换策略——这正是我们将这种实现方法称为**动态策略**的原因。这是在 `set_output_format()` 函数中完成的，该函数的实现非常简单：

```
void set_output_format(const OutputFormat format)
{
  switch(format)
  {
  case OutputFormat::markdown:
    list_strategy = make_unique<MarkdownListStrategy>();
    break;
  case OutputFormat::html:
    list_strategy = make_unique<HtmlListStrategy>();
    break;
  }
}
```

现在，从一种策略切换到另一种策略变得十分简单，我们可以立即看到结果：

```
tp.clear(); // clears the text processor's buffer
tp.set_output_format(OutputFormat::Html);
tp.append_list({"foo", "bar", "baz"});
```

```
cout << tp.str() << endl;
// <ul>
//   <li>foo</li>
//   <li>bar</li>
//   <li>baz</li>
// </ul>
```

22.2　静态策略

借助模板的威力，我们可以将策略放到"类型"当中。我们只需要对 TextStrategy 类做很小的修改：

```
template <typename LS>
struct TextProcessor
{
  void append_list(const vector<string> items)
  {
    list_strategy.start(oss);
    for (auto& item : items)
      list_strategy.add_list_item(oss, item);
    list_strategy.end(oss);
  }
  // other functions unchanged
private:
  ostringstream oss;
  LS list_strategy; // strategy instantiated here
};
```

我们所做的修改只是添加了 LS 模板参数，将成员 list_strategy 的类型改为模板参数类型，而不再使用之前的指针类型。append_list() 函数的结果与之前相同。

```
// markdown
TextProcessor<MarkdownListStrategy> tpm;
tpm.append_list({"foo", "bar", "baz"});
cout << tpm.str() << endl;

// html
TextProcessor<HtmlListStrategy> tph;
tph.append_list({"foo", "bar", "baz"});
cout << tph.str() << endl;
```

上面代码的运行结果与动态策略的输出结果是相同的。请注意，我们必须要提供两个 TextProcessor 实例，每个实例处理一种策略。

22.3　总结

策略模式允许我们定义通用的算法框架，然后以组件的形式提供框架内部流程的具体

实现。该模式有几种不同的实现方式:

- **函数式策略**,即将策略以仿函数或 lambda 表达式的形式进行传递,这种策略是一个临时对象,我们通常不打算保留它。
- **动态策略**维护了指向策略的指针或引用。切换到另一个不同的策略只需要修改指针或引用即可。非常简单!
- **静态策略**要求在编译时就敲定具体的策略——之后没有机会再修改策略了。

我们应该使用动态策略还是静态策略呢?嗯,动态策略允许在对象创建完成以后进行重新配置。想象一下,如果我们在设计一个控制文本输出形式的 UI 组件,我们是想要一个可切换的 `TextProcessor`,还是 2 个类型分别为 `TextProcessor<MarkdownStrategy>` 和 `TextProcessor<HtmlStrategy>` 的变量?这真的取决于你自己。

最后,我们可以约束类型所采用的策略集合:与使用通用的 `ListStrategy` 参数不同,我们可以使用 `std::variant` 类型,它只允许传入指定的策略类型。

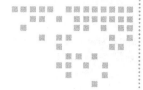

模板方法模式

策略模式和模板方法模式非常相似，以至于就像"工厂"一样，我很想将这些模式合并到一个框架化的设计模式中。我将尽力克制这种冲动。

策略模式和模板方法模式的区别在于，策略使用组合（不论是动态的还是静态的），而模板方法模式使用继承。但二者的核心原则是一致的，即在一个地方定义算法的通用框架，在另一个地方提供具体的实现细节。这也遵循开闭原则。

23.1　游戏模拟

大多数棋类游戏都非常相似：游戏开始（完成不同形式的初始设置），玩家轮流出招，直到决出胜利者，然后宣布哪个玩家获胜。不管游戏是什么——国际象棋、跳棋等——我们都可以按如下方式定义算法：

```
class Game
{
  void run()
  {
    start();
    while (!have_winner())
      take_turn();
    cout << "Player " << get_winner() << " wins.\n";
  }
};
```

可以看到，函数 run()，即运行游戏的函数，只是简单地调用了一系列其他函数。这些都是虚函数，并且具有 protected 的访问属性，因此它们不会被自己实例化的对象意外调用：

```
protected:
  virtual void start() = 0;
  virtual bool have_winner() = 0;
  virtual void take_turn() = 0;
  virtual int get_winner() = 0;
```

公平地说，其中的某些方法，尤其是返回类型为 void 的方法，不必定义为纯虚函数。例如，如果某个游戏没有明确的 start() 流程，将 start() 方法定义为纯虚函数就违反了接口隔离原则，因为这个游戏并不需要 start() 接口，却还是不得不提供它的实现。在第 22 章中，我们可以制定一个包含无操作函数的虚方法的策略，但用模板方法模式，情况就不那么明确了。

现在，除了这些成员以外，我们定义了一些与游戏相关的公共成员——玩家数量和当前玩家的索引：

```
class Game
{
public:
  explicit Game(int number_of_players)
    : number_of_players{number_of_players} {}
protected:
  int current_player{ 0 };
  int number_of_players;
}; // other members omitted
```

从现在开始，可以扩展 Game 类来实现国际象棋游戏：

```
class Chess : public Game
{
public:
  explicit Chess() : Game{ 2 } {}
protected:
  void start() override {}
  bool have_winner() override { return turns == max_turns; }
  void take_turn() override
  {
    turns++;
    current_player = (current_player + 1) % number_of_players;
  }
  int get_winner() override { return current_player;}
private:
  int turns{ 0 }, max_turns{ 10 };
};
```

国际象棋游戏包含两个玩家，所以将这一信息传入构造函数。随后，我们重写所有必要的函数，实现一个非常简单的模拟游戏的逻辑，即在完成 10 轮操作后结束游戏。以下是程序的输出：

```
Starting a game of chess with 2 players
Turn 0 taken by player 0
Turn 1 taken by player 1
...
Turn 8 taken by player 0
Turn 9 taken by player 1
Player 0 wins.
```

这几乎就是所有的程序逻辑了！

23.2　函数式模板方法

虽然经典的模板方法利用了继承，现代 C++ 也允许函数式模板方法的变种存在。在这种情况下，策略模式和模板方法模式之间的界限非常模糊，因为在这两种模式中，本质上涉及的都是高阶函数。

函数式模板方法需要定义一个单独的函数 `run_game()`，它以模板类型作为参数。一如既往，在定义高阶函数时，我们有两个选项：

❑ 将接受的函数强制转换为函数指针、`std::function` 或类似的结构。

❑ 使用模板模糊地定义参数。这让我们可以将不同的结构作为参数传递，比如仿函数和 lambda 表达式。

我们的函数式方法将定义一个包含游戏相关信息的结构：

```
struct GameState
{
  int current_player, winning_player;
  int number_of_players;
};
```

我们现在像以前一样定义模板方法，唯一的区别是它不是任何类的一部分，因此，与重写函数不同，所有这些成员函数都将以模板参数的形式提供：

```
template<typename FnStartAction,
  typename FnTakeTurnAction,
  typename FnHaveWinnerAction>
void run_game(GameState initial_state,
          FnStartAction start_action,
          FnTakeTurnAction take_turn_action,
          FnHaveWinnerAction have_winner_action)
{
  GameState state = initial_state;
  start_action(state);
  while (!have_winner_action(state))
  {
```

```
    take_turn_action(state);
  }
  cout << "Player " << state.winning_player << " wins.\n";
}
```

`run_game()` 函数接受一个初始状态，以及一堆函数或者类似函数的对象。这些函数可以在任意地方定义——可以使用仿函数，不过使用 lambda 表达式定义更简单：

```
int turn{0}, max_turns{10};
GameState state{0, -1, 2};

auto start = [](GameState& s)
{
  cout << "Starting a game of chess with " <<
    s.number_of_players << " players\n";
};

auto take_turn = [&](GameState& s)
{
  cout << "Turn " << turn++ << " taken by player"
    << s.current_player << "\n";
  s.current_player = (s.current_player + 1) % s.number_of_
  players;
  s.winning_player = s.current_player;
};

auto have_winner = [&](GameState& s)
{
  return turn == max_turns;
};
```

请注意，我们定义了一些额外的 lambda 函数将会使用到的状态（与模拟游戏相关）。完成这些定义以后，就可以调用模板方法了：

```
run_game(state, start, take_turn, have_winner);
```

此程序的输出与前面完全一样。

23.3 总结

策略模式使用组合，分为动态策略和静态策略两种。与之不同，模板方法模式使用继承，因此，这种模式只能是静态的，因为一旦实例化对象，就不能再更改它的一些继承而来的特性了。

模板方法模式中唯一要考虑的是，是要将模板方法中的函数都设计为纯虚函数，还是均要保留每个函数的函数体，即使函数体为空。如果能够预见到某些函数对于继承者来说并不是必需的，那么可以直接将它们定义为无操作函数。

　　函数式模板方法使得策略模式和模板方法模式之间的界限非常模糊，因为它没有使用 OOP 的特性。这种方法对用户而言不像 OOP 那样友好，因为它不会将相关函数实现放到一起[⊖]，也不会提供默认的只在必要时才重写的无操作函数。最后，基于模板的实现更不友好，因为它没有在函数体中指定所需的函数签名。

───────────

　　⊖　OOP 将相关函数放在类中声明，而模板方法中的 lambda 定义可以放在任意位置。——译者注

访问者模式

对于具有复杂层次结构的对象类型，除非有权访问源代码，否则，为这个结构中的每个成员添加函数几乎是不可能的。这是一个需要提前规划的问题，这也就催生了访问者（Visitor）模式。

举一个简单的例子：假设我们在解析一个数学表达式（当然，我们可以使用解释器模式！），该数学表达式由 double 类型的值以及一些运算符组成，例如：

```
(1.0 + (2.0 + 3.0))
```

该表达式可以表示为一种层次结构的形式，类似于如下代码：

```
struct Expression
{
  // nothing here (yet)
};
struct DoubleExpression : Expression
{
  double value;
  explicit DoubleExpression(const double value)
    : value{value} {}
};
struct AdditionExpression : Expression
{
  Expression *left, *right;

  AdditionExpression(Expression* const left, Expression* const
  right)
    : left{left}, right{right} {}
```

```
  ~AdditionExpression()
  {
    delete left; delete right;
  }
};
```

基于对象的这种层次结构，假设我们希望向 `Expression` 的各种继承者们添加一些行为。应该怎么做？

24.1　侵入式访问者

我们将从最直接的方法开始，它是一种违背开闭原则的方法。本质上，我们将在已经编写好的代码中修改 `Expression` 接口（以及与之关联的每个派生类）：

```
struct Expression
{
  virtual void print(ostringstream& oss) = 0;
};
```

除了违背开闭原则，这种修改还取决于假设"可以访问所有源代码"——这并不总是能够得到保证。但我们必须从某处下手，不是吗？现在，修改完这个接口以后，我们需要在 `DoubleExpression`（这很简单，因此这里省略了这部分实现）和 `AdditionExpression` 中实现 `print()` 接口：

```
struct AdditionExpression : Expression
{
  Expression *left, *right;
  ...
  void print(ostringstream& oss) override
  {
    oss << "(";
    left->print(oss);
    oss << "+";
    right->print(oss);
    oss << ")";
  }
};
```

这太有趣了！这是在子表达式上基于多态递归地调用 `print()` 函数。好极了，我们来测试一下：

```
auto e = new AdditionExpression{
  new DoubleExpression{1},
  new AdditionExpression{
    new DoubleExpression{2},
```

```
      new DoubleExpression{3}
    }
};
ostringstream oss;
e->print(oss);
cout << oss.str() << endl; // prints (1+(2+3))
```

嗯，这很简单。但是请想象一下，如果整个层次结构中有 10 个类（这在现实生活中并不少见），并且需要增加新的 eval() 接口。这就需要在 10 个不同的类中进行 10 次修改。开闭原则并不是真正的问题。

真正的问题在于单一职责原则。"打印"是一个单独的职责。与其让每种表达式提供自己的 print 函数，不如引入一个知道如何打印表达式的 ExpressionPrinter？然后，可以引入一个 ExpressionEvaluator，它知道如何执行实际的计算。所有这些都不会影响表达式的层次结构。

24.2 反射式打印组件

既然我们决定创建一个独立的打印组件，那就将 print() 从成员函数的身份脱离出来（当然，基类还是要保留的）。需要附加说明一点：Expression 类不能为空。为什么？因为只有当类里面有虚成员时，才会得到多态的行为。现在，我们在里面放一个虚析构函数就可以了！

```
struct Expression
{
  virtual ~Expression() = default;
};
```

现在，我们来尝试实现 ExpressionPrinter。我们的第一反应是这样写：

```
struct ExpressionPrinter
{
  void print(DoubleExpression *de, ostringstream& oss) const
  {
    oss << de->value;
  }
  void print(AdditionExpression *ae, ostringstream& oss) const
  {
    oss << "(";
    print(ae->left, oss);
    oss << "+";
    print(ae->right, oss);
    oss << ")";
  }
};
```

这段代码无法通过编译。C++ 知道，`ae->left` 是一个表达式，但由于 C++ 并不在运行时检查类型（与各种动态的语言类型不同），所以编译器并不知道该调用哪一个版本的 `print()` 函数。太糟糕了！

这里能做什么呢？嗯，只能做一件事情——移除重载函数并在运行时检查 Expression 类型：

```
struct ExpressionPrinter
{
  void print(Expression *e)
  {
    if (auto de = dynamic_cast<DoubleExpression*>(e))
    {
      oss << de->value;
    }
    else if (auto ae = dynamic_cast<AdditionExpression*>(e))
    {
      oss << "(";
      print(ae->left, oss);
      oss << "+";
      print(ae->right, oss);
      oss << ")";
    }
  }

  string str() const { return oss.str(); }
private:
  ostringstream oss;
};
```

上述方案是一个很有用的解决方案：

```
auto e = new AdditionExpression{
  new DoubleExpression{ 1 },
  new AdditionExpression{
    new DoubleExpression{ 2 },
    new DoubleExpression{ 3 }
  }
};
ExpressionPrinter ep;
ep.print(e);
cout << ep.str() << endl; // prints "(1+(2+3))"
```

这种方法有一个相当明显的缺点：编译器不会检查你是否已经为层次结构中的每个元素实现了打印接口⊖。当添加新类型的元素时，我们可以继续使用 ExpressionPrinter

---

⊖　有时，自动跳过某些类型会有好处。其中一种情况是，当需要向访问者提供一个空的可访问对象（不做任何事情、也不需要任何访问者提供任何东西的对象，但由于 API 要求，它必须存在）时。

而无须修改，它会跳过任何新类型的元素。

同样重要的是要意识到类型转换的检查对顺序很敏感：如果层次结构包含基类和派生类，那么需要在检查基类之前检查派生类，如果把顺序弄错了，将永远无法正确处理派生类。现在想象一个复杂的继承层次结构——visit() 实现与该层次结构中的继承顺序紧密相连。如果这种情况以某种方式自动发生，那就太好了，但是手动操作很容易出错，而且很乏味。

尽管如此，这种方法仍提供了一个可行的解决方案。说真的，我们很有可能到此为止，不再对访问者模式做进一步的深究：dynamic_cast 的代价并没有那么大，我认为许多开发人员都会记得在 if 语句中涵盖每一种类型的对象。

24.3 什么是分发

每当人们提到"访问者"时，就会提到"分发"（dispatch）这个词。它是什么意思？简单地说，"分发"是确定要调用哪个函数的问题——具体来说指需要多少信息才能调用正确的函数。

以下是一个简单的示例：

```
struct Stuff {}
struct Foo : Stuff {}
struct Bar : Stuff {}

void func(Foo* foo) {}
void func(Bar* bar) {}
```

现在，如果创建一个普通的 Foo 对象，那么通过这个对象调用 func() 将没有任何问题：

```
Foo *foo = new Foo;
func(foo); // ok
```

但是，如果决定将其转换为基类指针，编译器将不知道调用哪个重载函数：

```
Stuff *stuff = new Foo;
func(stuff); // oops!
// do we call foo(Foo*) or foo(Bar*)?
```

现在，我们从多态的角度来思考一下：在不使用任何运行时检查（dynamic_cast 以及类似的方法）的情况下，有没有办法使系统调用正确的重载函数？事实证明，有的。

可以看到，当通过 Stuff 调用某个函数时，这个调用可以是多态的（多亏了虚表函数），它可以直接分发到必要的组件，而组件又可以调用必要的重载函数。这被称为**双重分发**，因为：

（1）首先，我们是在实际的对象上进行一次多态调用。

（2）在多态调用内部，又调用了重载函数。在对象内部，`this` 拥有准确的类型（`Foo*` 或 `Bar*`），因此正确的重载函数将被触发。

因此：

```
struct Stuff {
  virtual void call() = 0;
}
struct Foo : Stuff {
  void call() override { func(this); }
}
struct Bar : Stuff {
  void call() override { func(this); }
}

void func(Foo* foo) {}
void func(Bar* bar) {}
```

你知道这里发生了什么吗？我们不能只将通用的 `call()` 实现嵌入 `Stuff` 中：不同的实现必须在各自的类中，以便输入正确的 `this` 类型。

这样的实现允许我们编写以下代码：

```
Stuff *stuff = new Foo;
stuff->call(); // effectively calls func(stuff);
```

24.4 经典访问者

访问者模式的"经典"实现使用的是双重分发。关于访问者的成员函数的命名有一些约定：

❑ 访问者的成员函数通常命名为 `visit()`。

❑ 在整个层次结构中实现的成员函数通常称为 `accept()`。

现在，我们可以从 `Expression` 基类中丢掉虚析构函数了，因为基类中确实要保存一些成员——虚函数 `accept()`：

```
struct Expression
{
  virtual void accept(ExpressionVisitor *visitor) = 0;
};
```

可以看到，代码引用了一个名为 `ExpressionVisitor` 的（抽象）类，它可以作为各种访问者（比如 `ExpressionPrinter`、`ExpressionEvaluator` 以及类似的类）的基类。这里使用的是指针，当然，也可以使用引用。

现在，`Expression` 类的每个派生类都必须以同样的方式实现 `accept()`，即：

```cpp
void accept(ExpressionVisitor* visitor) override
{
  visitor->visit(this);
}
```

另外，我们可以将 `ExpressionVisitor` 定义为：

```cpp
struct ExpressionVisitor
{
  virtual void visit(DoubleExpression* de) = 0;
  virtual void visit(AdditionExpression* ae) = 0;
};
```

请注意，我们必须为所有对象定义重载函数，否则，在实现对应的 `accept()` 函数时会得到编译错误。现在，我们可以继承这个类，定义 `ExpressionPrinter`：

```cpp
struct ExpressionPrinter : ExpressionVisitor
{
  ostringstream oss;
  string str() const { return oss.str(); }
  void visit(DoubleExpression* de) override;
  void visit(AdditionExpression* ae) override;
};
```

`visit()` 函数的实现应该是显而易见的，因为我们已经不止一次看到它了，但这里将再次展示它：

```cpp
void ExpressionPrinter::visit(AdditionExpression* ae)
{
  oss << "(";
  ae->left->accept(this);
  oss << "+";
  ae->right->accept(this);
  oss << ")";
}
```

请注意，现在调用是如何在子表达式上发生的，它再次利用了双重分发。关于新的双重分发访问者的使用，如下所示：

```cpp
void main()
{
  auto e = new AdditionExpression{
    // as before
  };
  ostringstream oss;
  ExpressionPrinter ep;
  ep.visit(e);
```

```
    cout << ep.str(); // (1+(2+3))
}
```

实现加法访问者

这种方法有什么好处呢？好处是，我们必须通过层次结构实现 `accept()` 成员函数，并且只需要实现一次。之后将再也不必接触其他成员。例如，假如现在我们想要得到表达式的结果，这很简单：

```
struct ExpressionEvaluator : ExpressionVisitor
{
    double result;
    void visit(DoubleExpression* de) override;
    void visit(AdditionExpression* ae) override;
};
```

但请记住，`visit()` 是一个返回类型为 `void` 的函数，所以接下来的实现看起来有点古怪：

```
void ExpressionEvaluator::visit(DoubleExpression* de)
{
    result = de->value;
}

void ExpressionEvaluator::visit(AdditionExpression* ae)
{
    ae->left->accept(this);
    auto temp = result;
    ae->right->accept(this);
    result += temp;
}
```

由于 `accept()` 函数不能返回值，因此我们处理 `AdditionExpression` 的方式有点棘手。本质上，我们计算表达式的左侧部分并缓存结果。然后，计算右侧的部分，将其累加到缓存的结果，从而得到总和。这个代码并不是很直观！

当然，它可以正常工作：

```
auto e = new AdditionExpression{ /* as before */ };
ExpressionPrinter printer;
ExpressionEvaluator evaluator;
printer.visit(e);
evaluator.visit(e);
cout << printer.str() << " = " << evaluator.result << endl;
// prints "(1+(2+3)) = 6"
```

同样，我们也可以添加许多其他不同的访问者，并在此过程中遵循开闭原则，享受访问者模式的乐趣。图 24-1 展示了我们构建的不同结构的类关系图。

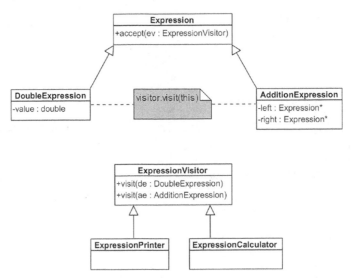

图 24-1 经典访问者类关系图

24.5 非循环访问者

现在是时候说明访问者模式有两种类型了，它们分别是：

❑ **循环访问者**基于函数重载。由于层次结构（必须知道访问者的类型）和访问者（必须知道层次结构中的每个类）之间的循环依赖性，该方法仅用于不经常更改的、稳定的层次结构。

❑ **非循环访问者**基于 RTTI。它的优点是对访问的层次结构没有限制，但是，这会影响性能。

实现非循环访问者的第一步是实现实际的访问者接口。我们要让接口尽可能通用，而不是为每个单独的类定义重载的 `visit()` 接口：

```
template <typename Visitable>
struct Visitor
{
  virtual void visit(Visitable& obj) = 0;
};
```

要使模型中的每个元素都能够接受这样一个访问者，但由于每个特例都是唯一的，因此我们要做的是引入一个**标记接口**——一个仅有虚析构函数的空类：

```
struct VisitorBase // marker interface
{
  virtual ~VisitorBase() = default;
};
```

这个类是空的，但我们将这个类作为 `accept()` 函数的参数，使得我们可以访问任意的对象。现在，我们将重新定义 Expression 类：

```
struct Expression
{
  virtual ~Expression() = default;

  virtual void accept(VisitorBase& obj)
  {
    using EV = Visitor<Expression>;
    if (auto ev = dynamic_cast<EV*>(&obj))
      ev->visit(*this);
  }
};
```

下面是新的 accept() 函数的工作原理：输入 VisitorBase 类型，然后尝试将其转换为 Visitor<T>，其中 T 是我们当前使用的类型。如果转换成功，那么相关的访问者知道如何访问我们的类型，因此我们可以调用它的 visit() 方法。如果转换失败，那么它是一个无操作函数。关键是要理解为什么 obj 本身没有可供调用的 visit() 函数。如果 obj 有 visit() 函数，那么每个想要调用 visit() 函数的元素都得提供一个 visit() 的重载函数，这也就引入了循环依赖。

不幸的是，accept() 函数的实现需要添加到层次结构中的每个成员中，需要通过 dynamic_cast 检查合适的类型。我们可以尝试通过宏来简化这部分操作，但我们能做的也仅限于此了——想要使用 CRTP 之类的技术并且保证所有函数均正确，这几乎不可能（尝试定义一个 Visitable<TChild>，然后看看这会发生什么）。

完成 accept() 函数定义以后，我们可以重新定义 ExpressionPrinter，但是这一次，它将定义为：

```
struct ExpressionPrinter : VisitorBase,
                           Visitor<DoubleExpression>,
                           Visitor<AdditionExpression>
{
  void visit(DoubleExpression &obj) override;
  void visit(AdditionExpression &obj) override;
  string str() const { return oss.str(); }
private:
  ostringstream oss;
};
```

我们实现了 VisitorBase 标记接口，并为我们想要访问的每个 T 实现了一个 Visitor<T>。如果省略特定的类型 T（例如，假设注释掉 Visitor<DoubleExpression>），程序仍将编译通过，如果调用相应的 accept()，它将作为 no-op 执行。

visit() 方法的实现实际上与我们在经典访问者实现中的实现完全相同，结果也类似。图 24-2 展示了我们定义的结构。

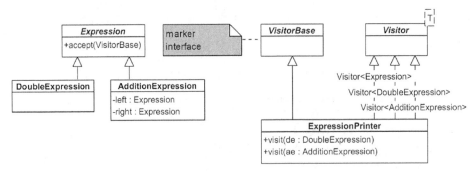

图 24-2　非循环访问者的类关系图

非循环访问者的一个缺点是，到处都有由 `dynamic_cast` 带来的性能开销。经验表明，它的速度是经典访问者的十分之一左右。为了降低性能开销，可以选择 RTTI 的替代品，比如各种 CTTI 库（例如 Boost.TypeIndex），它们试图用编译时标记来修饰类，这些标记可用于类型比较。与 RTTI 相比，CTTI 的性能优势通常非常显著。

24.6　std::variant 和 std::visit

虽然与经典访问者模式没有直接关系，但值得一提的是 `std::visit`，因为它的名字暗示着与访问者模式有关。本质上，`std::visit` 是一种访问 variant 类型正确部分的方法。

接下来请看一个示例：假设一个地址中包含一个名为 house 的成员。现在，house 可以只是一个数字（比如 "123 London Road" 中的数字），也可以是具体的名字，例如 "Montefiore Castle"。因此，我们可以按如下方式定义 variant：

```
variant<string, int> house;
// house = "Montefiore Castle";
house = 221;
```

上面两个赋值语句都是正确的。但如果我们想要打印 house 的名字或者数字呢？为了做到这一点，我们首先定义一种数据结构，针对 variant 内部的不同成员的类型，该数据结构拥有不同重载版本的函数调用：

```
struct AddressPrinter
{
  void operator()(const string& house_name) const {
    cout << "A house called " << house_name << "\n";
  }

  void operator()(const int house_number) const {
    cout << "House number " << house_number << "\n";
  }
};
```

现在，这个类型可以与 std::visit() 联合使用，std::visit() 是一个库函数，可以将访问者应用到 variant 类型上：

```
AddressPrinter ap;
visit(ap, house); // House number 221
```

还可以通过一些现代 C++ 的特性来定义访问者函数集。我们需要做的是构造一个类型为 auto& 的 lambda 函数，获取底层类型，使用 if constexpr 进行比较，并做相应的处理：

```
visit([](auto& arg) {
  using T = decay_t<decltype(arg)>;

  if constexpr (is_same_v<T, string>)
  {
    cout << "A house called " << arg.c_str() << "\n";
  }
  else
  {
    cout << "House number " << arg << "\n";
  }
}, house);
```

当然，除了临时定义 lambda 函数以外，还可以将其保存为变量以供之后复用。

24.7　总结

访问者模式允许我们为层次结构中的每一个元素添加一些功能或行为。我们已经了解以下方法：

❑ **侵入式方法**：为结构中的每个对象添加一个虚函数。这是可行的（前提是可以访问源代码），但违背了开闭原则。

❑ **反射式方法**：定义一个单独的访问者，使用 dynamic_cast 支持运行时分发。

❑ **经典方法**：双重分发，整个结构都会被修改，但只会以通用的方式修改一次。结构中的每个元素都会通过 accept() 函数接受一个访问者。之后将访问者细分，以强化整个结构的功能。

❑ **非循环式方法**：像是反射式方法的变种，它通过强制转换正确地完成分发。不过，它打破了访问者和被访问者的循环依赖关系，并允许更灵活的访问者组合。

访问者模式经常与解释器模式同时出现：在解释了一些文本输入并将其转换为面向对象的结构之后，我们需要以特定的方式呈现抽象语法树。访问者模式通过在整个层次结构中传播 ostringstream（或类似的累加器对象），将数据整理在一起。